U0928108

中国城市温室气体排放数据集(2015)

中国城市温室气体工作组／著

中国环境出版集团·北京

图书在版编目（CIP）数据

中国城市温室气体排放数据集. 2015 / 中国城市温室气体工作组著. -- 北京 : 中国环境出版集团, 2019.1
ISBN 978-7-5111-2273-5

Ⅰ. ①中… Ⅱ. ①中… Ⅲ. ①城市--温室效应—有害气体—大气扩散—统计数据—中国—2015 Ⅳ. ①X511

中国版本图书馆CIP数据核字(2018)第297734号

出 版 人　武德凯
责任编辑　丁莞歆
责任校对　任　丽
装帧设计　宋　瑞

出版发行　中国环境出版集团
（100062　北京市东城区广渠门内大街16号）
网　　址：http://www.cesp.com.cn
电子邮箱：bjgl@cesp.com.cn
联系电话：010-67112765（编辑管理部）
010-67175507（环境科学分社）
发行热线：010-67125803，010-67113405（传真）
印装质量热线：010-67113404

印　　刷　北京建宏印刷有限公司
经　　销　各地新华书店
版　　次　2019年1月第1版
印　　次　2019年1月第1次印刷
开　　本　880×1230　1/64
印　　张　6.25
字　　数　260千字
定　　价　65.00元

【版权所有。未经许可，请勿翻印、转载，违者必究】
如有缺页、破损、倒装等印装质量问题，请寄回本社更换

总体设计、组织和数据汇总分析

蔡博峰　　生态环境部环境规划院

专家组（按姓氏拼音排序）

陈　迎	中国社会科学院城市发展与环境研究所	研究员
董红敏	中国农业科学院	研究员
房伟权	WRI（世界资源研究所）	研究员
耿　涌	上海交通大学	教　授
关大博	东安格利亚大学（英国）	教　授
韩圣慧	中国科学院大气物理研究所	副研究员
胡建信	北京大学	教　授
姜克隽	国家发展和改革委员会能源研究所	研究员
雷　宇	生态环境部环境规划院	研究员
李玉娥	中国农业科学院	研究员
林而达	中国农业科学院	研究员
刘鸿志	中国环境科学学会	副秘书长
陆　军	生态环境部环境规划院	研究员
毛显强	北京师范大学	教　授
欧训民	清华大学	教　授

潘家华	中国社会科学院城市发展与环境研究所	学部委员
陶　澍	北京大学	院　士
滕　飞	清华大学	教　授
王　灿	清华大学	教　授
王金南	生态环境部环境规划院	院　士
王玉涛	复旦大学	研究员
魏一鸣	北京理工大学	教　授
徐　明	University of Michigan	教　授
薛进军	名古屋大学（日本）	教　授
杨　帆	中国电力企业联合会	研究员
杨志峰	北京师范大学	院　士
张称意	国家气候中心	研究员
张国斌	国家林业和草原局生态保护修复司	副调研员
张小全	大自然保护协会	研究员
朱建华	中国林业科学研究院	副调研员
庄贵阳	中国社会科学院城市发展与环境研究所	研究员

工作组

第一组（负责山西、陕西、辽宁）

陈占明 / 组长	中国人民大学
从建辉	山西大学
张　楠	西安建筑科技大学
王香爱	渭南师范学院
韩占猛	中国船舶重工集团公司第七一四研究所
罗智星	西安建筑科技大学
于　潇	山东财经大学
马文博	中国人民大学
张　敏	山西大学
石　雅	山西大学

第二组（负责黑龙江、吉林、内蒙古）

赵胜男 / 组长	赤峰学院
刘云涛	北京卡本能源咨询有限公司
王丹寅	中国人口与发展研究中心
张　宇	内蒙古大学
邹　涛	北京清华同衡规划设计研究院
王晓丽	北京清华同衡规划设计研究院

第三组（负责上海、江苏、浙江、安徽）

方　恺 / 组长	浙江大学
唐　伟	杭州市环境保护科学研究院
叶瑞克	浙江工业大学
郭　杰	南京农业大学
何凌昊	U.S. Green Building Council
金　艺	中国石油大学（北京）
房开宏	南京学而思高中部
李方一	合肥工业大学
赵　晶	江苏大学财经学院
朱方思宇	浙江工业大学
郑思伟	杭州市环境保护科学研究院
陈丽强	福州大学
陈　明	浙江工业大学
李　帅	浙江大学
苗　阳	浙江工业大学
张琦峰	浙江大学
高壮飞	浙江工业大学
蒋惠琴	浙江工业大学
刘康丽	浙江工业大学
唐祎祺	浙江大学
张　潇	浙江工业大学
邵鑫潇	浙江工业大学

第四组（负责江西、福建）

赵荣钦 / 组长	华北水利水电大学
周来友	新余学院
唐　伟	杭州市环境保护科学研究院
叶瑞克	浙江工业大学
赵胜男	赤峰学院
刘云涛	北京卡本能源咨询有限公司
孙　莉	北京市环境保护科学研究院
王　帅	华北水利水电大学
杨青林	华北水利水电大学
杨文娟	华北水利水电大学
余　娇	华北水利水电大学
朱方思宇	浙江工业大学

第五组（负责山东、河南、宁夏）

崔志鹏 / 组长	北京镭场景科技有限公司
贾小平	青岛科技大学
王思亓	青岛科技大学
王泽鑫	中国船舶重工集团公司第七一四研究所
冯　彤	天津大学
张　弼	中共宁夏区委党校（宁夏行政学院）

第六组（负责湖南、湖北）

郭　杰 / 组长	南京农业大学
刘红光	南京农业大学
刘合林	华中科技大学
王　丹	湖北经济学院
王　磊	湖北经济学院
丁冠乔	南京农业大学
袁子坤	南京农业大学

第七组（负责广东、广西、海南）

孟凡鑫 / 组长	东莞理工学院
刘海霞	华北电力大学
李　珏	深圳市应对气候变化研究中心
李　芬	深圳市建筑科学研究院股份有限公司
独　威	中日友好环境保护中心
吴博群	南京大学
唐　伟	杭州市环境保护科学研究院
夏昕鸣	北京大学

第八组（负责甘肃、四川、重庆）

鲁　玺 / 组长	清华大学
苗　壮	泰州学院 / 中国社会科学院

雷　链	英国伦敦大学学院（UCL）
庄明浩	清华大学
高　隽	清华大学
唐　敏	重庆工商大学
周世超	重庆水利电力职业技术学院
白元儒	兰州交通大学
蔡伟光	重庆大学
代春艳	重庆工商大学
邢文婷	重庆工商大学
胡鸣明	重庆大学
王　浩	清华大学

第九组（负责云南、贵州）

李艳梅 / 组长	北京工业大学
牛苗苗	北京工业大学
崔益菲	北京工业大学
孙　欣	北京工业大学
王　灿	清华大学
黄钰乔	清华大学
曲益萍	北京科太亚洲生态科技股份有限公司
王　堃	北京市劳动保护科学研究所
曹超纪	清华大学

第十组（负责新疆、青海、西藏）

张建军 / 组长　中国地质大学（北京）
王　柯　中国地质大学（北京）
冯　乐　北京市环境保护科学研究院
宋　芊　青海大学
王　彤　中国地质大学（北京）
苗　壮　西南财经大学
胡　靖　同济大学
刘海猛　中国科学院地理科学与资源研究所
阿依吐尔逊·沙木西　新疆农业大学
邵战林　新疆农业大学
布买日也木·买买提　新疆农业大学
王长建　广州地理研究所
陈前利　新疆农业大学
李　莉　新疆农业大学
李　松　新疆农业大学

第十一组（负责北京、天津、河北）

顾阿伦 / 组长　清华大学
崔益菲　北京工业大学
逯　飞　河北省环境科学研究院
孙　莉　清华大学

刘海猛　　中国科学院地理科学与资源研究所
周小雨　　清华大学
李梧森　　河北省工程咨询研究院
李耀光　　北京师范大学
路遥冬　　北京卡本新能科技股份有限公司
王泽旭　　中国石油大学（北京）
郑宏媚　　唐山师范学院
谷子林　　河北省低碳产业协会

第十二组（负责中国香港、澳门、台湾地区）

李万新 / 组长　　香港城市大学
李德民　　澳门中华新青年协会城市发展关注委员会
王彬墀　　中原大学（中国台湾地区桃园市）
王宇豪　　香港城市大学
张　林　　香港城市大学

第十三组（负责国际城市）

何凌昊 / 组长　　U.S. Green Building Council
王彬墀　　中原大学（中国台湾地区桃园市）
雷　链　　英国伦敦大学学院（UCL）
孙　露　　日本国立环境研究所
周忆正　　英国伯明翰大学
李照令　　日本国立环境研究所

蒋小谦	世界资源研究所
李德民	澳门中华新青年协会城市发展关注委员会
王庚哲	埃因霍芬理工大学

甲烷组

张建军 / 组长	中国地质大学（北京）
董红敏	中国农业科学院农业环境与可持续发展研究所
王　柯	中国地质大学（北京）

氧化亚氮组

董会娟 / 组长	上海交通大学
董红敏	中国农业科学院农业环境与可持续发展研究所
温建丽	上海交通大学

含氟温室气体组

姚　波 / 组长	中国气象局气象探测中心
伍鹏程	生态环境部环境规划院
窦艳伟	中国家用电器协会
刘丽莎	中国气象局气象探测中心

交通组

张　卫	交通运输部水运科学研究院
王　征	交通运输部水运科学研究院
周　盼	河北科技大学

碳汇组

徐进勇	中国科学院遥感与数字地球研究所

技术组

蔡博峰	生态环境部环境规划院
刘晓曼 / 组长	中国科学院大气物理研究所
周　盼	河北科技大学
曹丽斌	生态环境部环境规划院
庞凌云	生态环境部环境规划院
李　栋	北京清华同衡规划设计研究院
闫　晗	中国人民大学
崔　璨	武汉大学

优秀工作组（按姓氏拼音排序）

陈占明	中国人民大学
从建辉	山西大学
董会娟	上海交通大学
冯　乐	北京市环境保护科学研究院
顾阿伦	清华大学
何凌昊	U.S. Green Building Council
刘晓曼	中国科学院大气物理研究所
刘云涛	北京卡本能源咨询有限公司
唐　伟	杭州市环境保护科学研究院
王　柯	中国地质大学（北京）
王　征	交通运输部水运科学研究院
徐进勇	中国科学院遥感与数字地球研究所
姚　波	中国气象局气象探测中心
张建军	中国地质大学（北京）
张　卫	交通运输部水运科学研究院
赵胜男	赤峰学院

序言一

2018 年夏天，热浪和极端高温天气在世界许多国家蔓延，气候变化成了人们重点关注的话题，世界各国都在采取措施应对和减缓气候变化，中国也在积极采取行动推进绿色低碳发展。习近平总书记在党的十九大报告中三次提到气候变化，提出过去五年中国引导应对气候变化的国际合作，今后将加快推进绿色低碳发展，落实减排承诺，与各方合作应对气候变化。因此，准确掌握城市温室气体排放量，对层层落实地方各级政府的减排目标、明确减排方向意义重大。

中国地级市层面温室气体排放量基础数据缺乏，制约着省级到市级温室气体总量分配工作和低碳城市建设。2018 年，由国内外 76 个单位的 137 名研究人员完成了《中国城市温室气体排放数据集（2015）》一书的稿件整理工作，所有数据均有明确的来源和计算过程，可回溯、可验证。该书是生态环境部环境规划院气候变化与环境政策研究中心牵头组织的自下而上核算中国所有地级城市温室气体排放的第三版数据集。2015 年数据集在前两版数据集的基础上又增加了非二氧化碳温室气体的排放核算，并且联合中国香港、澳门和台湾地区的学者，补充了港澳台城市的温室气体排放数据。2015 年数据集的出版有助于决策者、科研人员和公众了解不同城市和城市不同部门的温室气体排放情况，尤其是关注较少的中西部人口规模较小的中小城市。这些城市的温室气体排放量较高，人均二氧化碳排放量也较大，经济发展水平一般，更需要合理布局产业结构，转变发展方式，实现绿色低碳发展。

希望以蔡博峰研究员为首的专家团队，继续开展城市温室气体排放数据集的编制工作，努力构建全国城市层面的长时间序列温室气体排放数据集。同时，也希望通过将温室气体排放与污染物排放数据清单结合起来，为城市环境与发展综合决策、温室气体与污染物协同减排等提供依据，降低因污染物排放、气候变化导致的极端天气对居民健康的影响，让老百姓在蓝天白云、青山绿水中生活。

生态环境部环境规划院　院长

中国工程院　院士

2018 年 9 月 12 日

序言二

两年前，我拿到由中国自主采集汇编的城市层面的温室气体排放数据集，感到由衷的兴奋。作为温室气体排放大国和应对气候变化的负责任大国，中国的数据支撑严重滞后、欠缺。学术研究、决策参考，许多数据只能采用国外机构的信息。国内有质疑，但没有系统的数据支撑。而这一数据集的编制，尽管不完美，但毕竟是开创之举，且是自发协力，不在急功近利，不求完美无缺，而在群策群力、久久为功，必须赞赏！作为气候变化政策研究方面的业内学者，我参与到其中一些方法论的讨论，因而强烈认为这一工作需要继续、深入、提升。

非常高兴应邀为这本数据集（2015 年排放数据）作序，比起之前 2005 年的数据集，不仅是数据的更新和时间系列的延伸，更在于方法学上的改进、信息量的扩充、数据质量的提升。中国城市温室气体工作组这个团队，自发志愿、求索创新、务实求真，认准了方向便无求酬偿，只顾风雨兼程。中国的温室气体排放数据一般是通过官方的《国家信息通报》途径，作为履行《联合国气候变化框架公约》缔约方义务，定期向国际社会提供的较为全面、权威的信息。但是，其所涉及的信息多较为滞后，动态性和针对性较为欠缺，因而难以满足学术研究、城市决策和国际话语的预期需求。国家科技研发计划也资助过许多诸如排放清单编制方法学、排放数据库构建的研究，但多随课题结项而终结。但凡涉及中国的排放数据，无论是国内还是国外的需求，都只能求助于国外机构。

精准、详细和全面的基础碳排放数据对于一个地区、行业、国家和全球低碳转型的战略研究、政策分析、技术创新、消费选择均具有基础性地位，不可或缺。对于起步较晚的数据团队，不可能也没有必要重复国际上已成体系的数据库。但是，数据是基础，数据是话语，数据是财富。中国城市温室气体工作组这个团队，选取中国城市碳排放数据为切入点，构建体系、规范完善，相对于现有的以国家为记录单元的温室气体排放数据，不仅是一种补充，更是一种拓展。一方面，世界人口的55%已经居住在城市，2050年世界城市人口占比可望超过2/3。国家单元的应对气候变化行动需要在城市层面落实，城市低碳了，国家也就低碳了。从这一意义上讲，城市温室气体数据集，为政策制定者提供支撑，为国际合作提供样板，为低碳行动提供标杆，也为高碳不作为施加无形压力。这本数据集是我迄今为止见到的中国城市层面最为翔实和全面的基础数据集，同时，我也见证了其数据的收集、分析、研讨和专家评审过程（我本人也是评审专家之一），它为中国低碳城市的建设提供了非常重要的基础数据。尽管数据集中不可避免地存在不少的缺陷和不足，但难能可贵的是，这种充分公开、共享的方式使数据的持续改善和提高成为可能。

建设中国城市长时间序列、全口径的温室气体排放数据集是一项非常耗时、耗力的艰辛工作，我想仅仅依靠中国城市温室气体工作组的热情、奉献和工匠精神是远远不够的，政府研发投入、公益基金和社会各界需要在资金和制度上给予他们必要的支持和协助，让这股力量不断壮大，让这一工作持续下去，并不断提升、拓展、完善，在中国的低碳事业中发挥越来越重要的作用，在全球应对气候变化的进程中作出更多积极的、有价值的、引领性的中国贡献。

中国社会科学院　学部委员　城市发展与环境研究所　所长

第一、第二、第三届国家气候变化专家委员会　委员

2018 年 10 月 9 日

序言三

全球气候变化对人类的生存和发展提出了严峻的挑战。中国作为世界温室气体排放大国，采取和实施了一系列的技术和政策以积极应对气候变化，并取得了巨大成就。世界各国都充分肯定了中国为推动全球气候治理所作出的巨大努力。

中国环境科学学会气候变化分会的核心宗旨之一就是“数据驱动研究”，很多会员在没有经费支持的情况下，在蔡博峰研究员的带领下，自愿开展中国城市 2015 年温室气体排放基础数据的收集、整理、验证、分析及最终数据集的编制工作。这项工作已经成为气候变化分会的一个特色工作和突出成果。城市温室气体排放数据向社会公众开放，公众可以及时了解所在城市的碳排放情况，结合自身家庭排碳情况，积极调整生活方式；结合数据，城市可以根据自身的排放水平和城市之间的横向对比，确定低碳发展目标；同时，通过不同年份的纵向对比，可以发现在经济发展过程中影响城市低碳发展的关键环节和因素。

作为中国环境科学学会气候变化分会的主任委员，感谢中国城市温室气体工作组为中国碳排放数据建设作出的努力，也希望这种工作模式能够形成长效机制，推动长时间序列的温室气体排放数据建设。气候变化分会将不遗余力地支持这项工作，这是促进中国气候变化研究的需要，也是加强中国应对气候变化与保护环境的需要，更是实现中国绿色发展、可持续发展的需要。

陆军

生态环境部环境规划院　副院长

中国环境科学学会气候变化分会　主任委员

2018 年 9 月 24 日

前　言

本数据集是中国城市温室气体工作组（CCG）2018 年的重要成果之一，来自 76 个单位的 137 名研究人员，分成 19 个工作组（城市组＋专题组），分别从企业、行业、部门和城市层面对涉及城市温室气体排放活动水平的数据进行收集、整理、核对和分析，结合中国高空间分辨率排放网格数据（CHRED 3.0），建立了中国 2015 年的城市温室气体数据集。

本数据集有 3 大特点：①覆盖的温室气体全，本次覆盖了较为全面的温室气体种类和部门（包括 CO_2、CH_4、N_2O、HFC-410A、HFC-134a、HFC-23、SF_6、CF_4、C_2F_6、森林碳汇）；②覆盖的城市范围全，本次工作组吸纳了中国香港、澳门和台湾地区的研究人员，从而完成了港澳台地区（9 个城市）温室气体排放数据的建设，使本数据集覆盖了中国的所有城市（地级以上），同时收集、整理了大量国际城市清单，使在国际城市排放坐标体系下观察和分析中国城市的排放水平和特征成为可能，③评审专家阵容强大，本次参与数据和方法学评审的专家共有 31 名，全部无偿工作，其中院士 4 名（包括学部委员）、参与 IPCC（联合国政府间气候变化专门委员会）工作（评估报告和方法学指南等）的专家 16 人。专家针对方法框架、技术细节和数据质量提出非常详尽的质疑、意见和建议，对于数据集质量的控制和改善发挥了关键性作用。更为难得的是，很多专家给予中国城市温室气体工作组高度赞扬和鼓励，并对工作组未来的发展方向、工作模式、工作内容等提出了宝贵的建议和期望。

我们对世界的认知，取决于我们的测量手段。我们对城市低碳化的认知和推进，一样取决于我们构建的排放清单结构，以及清单数据的全面性、准确性和精确性。清单数据的公开化也直接影响了公众对城市低碳发展的了解和切身投入。没有持续、稳定的基础数据建设，低碳城市很容易被各类概念缠绕、混淆甚至取代，城市低碳建设也难以度量和考核，从而很容易变成归纳、汇总的纸面工作，更无法引起决策者和社会各界的重视和关注。

建立较为可靠的长时间序列、全口径、全覆盖的中国城市温室气体/二氧化碳排放数据集是一项非常艰巨的基础性工作。中国城市温室气体工作组志愿长期建设中国城市温室气体基础数据，每期数据都组织国内外诸多研究人员无偿地开展大量基础性工作，为长期建设、更新、校正和检验中国城市温室气体数据提供了一种全新的模式。这种模式能否持久和有效，取决于广大科研工作者对于城市温室气体排放基础数据的热情、执着和他们的工匠精神，更取决于决策者和广大公众对于城市数据越来越严苛的关注和需求。毫无疑问的是，准确、全面且接受学术共同体和公众公开监督和检验的城市排放清单数据，是中国城市低碳发展乃至中国低碳战略转型的基石。

基础数据建设是一个漫长的过程，各类错误也在所难免。我们希望社会各界不因我们是志愿团队而降低对我们的要求。相反，我们希望能得到更加严苛的要求，我们也承诺出版并不是数据的最终结果，我们会不断验证、校对数据并持续更新（更新信息详见中国城市温室气体工作平台：http://140.143.189.230:8080/ 和 http://www.cityghg.com）。

《中国城市二氧化碳排放数据集（2012）》（2017 年）和《中国城市二氧化碳排放数据集（2005）》（2018 年）出版以来，收到了大量的表扬、意见、建议和批评等，尤其是针对具体数据的各类详细疑问、批评和指正，我们非常欢迎各种形式的批评意见，希望读者能将具体问题、批评意见和建议反馈至中国城市温室气体工作论坛（http://nbb.cityghg.com/）中的“中国城市温室气体数据集”版块，我们将对所有有效信息（实质性改善数据质量或者方法等，即使是 1 个城市的 1 个数据）贡献者给予数据共享或邮寄我们产品的奖励。我们更希望其本人能加入我们工作组（http://140.143.189.230:8080/ 实名注册即可），把自己对基础数据的苛求和期望付诸实践，成为中国城市温室气体数据的建设者、监督者和长期批评者。

蔡博峰

气候变化与环境政策研究中心

生态环境部环境规划院

2018 年 9 月

FOREWORD

This dataset is the second achievement of the China City Greenhouse Gas Working Group (CCG). 137 researchers from 76 institutions were divided into 19 groups to collect, sort, validate and analyze data related to city greenhouse gas emission at enterprise, industry, sector and city levels. Combing with the Chinese High Resolution Emission Gridded Database (CHRED 3.0), the 2015 China City Greenhouse Gas Dataset was finally established.

This dataset has 3 key features: (1) Covering all greenhouse gases. The dataset covered a more comprehensive types and sectors of greenhouse gas (including CO_2, CH_4, N_2O, HFC-410A, HFC-134a, HFC-23, SF_6, CF_4, C_2F_6, and forest carbon sequestration); (2) Covering all China cities. Due to the recruit of researchers from Hong Kong, Macao and Taiwan areas, this dataset covered the greenhouse gas emission data of Hong Kong, Macao and Taiwan areas (9 cities), which complete the whole city coverage of China. At the same time, this dataset also collected the greenhouse gas emission inventory data of many international cities, which makes it possible to observe and benchmark the emission level and characteristics of China cities under the global perspectives. (3) Professional evaluation experts panel. There are 31 experts participating in the data and methodology review for free of charge, included 4 academicians and 16 experts who ever participated in IPCC (UN Intergovernmental Panel on Climate Change) work (reports and guidelines, etc.). Experts provided very detailed questions, opinions and suggestions on methodological framework, technical details and data quality, which played a critical role in data quality control and improvement. What's more, many experts gave high praise and encouragement to the CCG and made valuable suggestions and expectations on its future development direction, working mode and working targets.

Our understanding of the world depends on how we measure it. Our recognition and promotion of city low carbonization depends on the structure of emission inventory we build, and the comprehensiveness, accuracy and precision of the data. The openness and transparency of inventory data directly affects the public understanding and participation of the city low-carbon development. Without continuous and steady basic data construction, the concept of low-carbon city will be entangled, confused or even replaced. Once it becomes difficult to measure and assess, it will easily become a paper work, not to mention drawing attention and concerning from the policy makers and the general public.

It is a very difficult and fundamental task to establish a reliable, long time series of China city greenhouse gas/CO_2 emission dataset with full coverage. Under the generous supports of many domestic and overseas scientific researchers, CCG has carried out a large amount of basic work, including developing, updating, calibrating and checking China City Greenhouse Gas Dataset. This is a totally new cooperative working mode. Whether this mode could be sustainable and effectively continued depends on the enthusiasm, dedication, craftsman spirit of the scientific researchers, and the attentions and demands from decision makers and the general public. No doubt that accurate, comprehensive, supervised and verifiable city emission data is the cornerstone of China low-carbon development and China's low-carbon strategy transformation.

Basic dataset construction is a long process, all kinds of errors are inevitable. We hope the community will not lower the requirements for us just because we are a volunteer group. On the contrary, we hope to get more stringent requirements and we promise to continue verifying, checking and updating our dataset (updating information can be found in the China City Greenhouse Gas Working Platform: http://140.143.189.230:8080/ and http://www.

cityghg.com). The China City CO_2 Emissions Dataset (2012) (published in 2017) and the China City CO_2 Emissions Dataset (2005) (published in 2018) have received a lot of praise, comments, suggestions and criticisms, as well as questions, criticisms and corrections for specific data. We welcome all forms of criticisms and comments, and hope to get suggestions in our working platform (http://140.143.189.230:8080/), so we could reply or deal with it more efficiently. We look forward to the persons providing advice or suggestions could join in our group (just real-name registration needed at http://140.143.189.230:8080/). Let's make your demanding and expectations of the basic data into practice, and become a long-term builder, supervisor and critic for the China City Greenhouse Gas Dataset.

Bofeng Cai

Chinese Academy for Environmental Planning

September 2018

目　录

第三部分　氧化亚氮排放 /167

第五部分　温室气体总排放 /223

第一部分*
二氧化碳排放

Part Ⅰ CO_2 Emissions

---

* 根据《国民经济行业分类》(GB/T 4754—2011)，服务业包括除第一产业、第二产业以外的其他行业，即服务业包括交通，但本数据集为了和国际城市清单保持一致，把交通单独作为一项，因此本数据集排放列表中，服务业排放不包括交通排放，交通 = 交通运输业＋社会交通（私家车交通）。但在计算排放强度时，第三产业单位增加值排放 =（服务业排放＋交通排放）/ 服务业（包括交通运输业）增加值。

城市名称 City	部门二氧化碳排放 / 万 t Sectoral CO_2 emissions /10^4 ton						
	农业 Agriculture	工业能源 Industrial energy	服务业 Service	工业过程 Industrial processes	城镇 Urban	农村 Rural	生活 Household
北京 Beijing	67.09	5708.27	974.55	221.07	472.72	363.97	836.70
天津 Tianjin	201.39	15112.22	520.20	96.08	153.66	154.35	308.01
上海 Shanghai	70.49	16272.86	1635.40	79.60	331.27	15.28	346.55
重庆 Chongqing	153.03	13028.99	301.48	2794.84	686.47	93.36	779.83

城市名称 City	部门二氧化碳排放 / 万 t Sectoral CO_2 emissions /10^4 ton				
	道路 Road	铁路 Railway	水运 Waterborne navigation	航空 Aviation	交通 Transport
北京 Beijing	1677.95	20.76	0.00	1125.07	2823.78
天津 Tianjin	1330.89	14.32	42.18	132.93	1520.32
上海 Shanghai	2564.18	2.32	151.15	1055.20	3772.84
重庆 Chongqing	1649.98	7.19	187.65	117.56	1962.38

城市名称 City	二氧化碳汇总排放 / 万 t CO_2 emissions /10^4 ton				
	能源 Energy	工业 Industrial total	间接 Indirect	直接 Direct	总排放 Total
北京 Beijing	10410.39	5929.34	5272.56	10631.46	15904.02
天津 Tianjin	17662.13	15208.30	2583.81	17758.21	20342.02
上海 Shanghai	22098.15	16352.46	5499.57	22177.75	27677.32
重庆 Chongqing	16225.71	15823.83	1366.13	19020.55	20386.67

城市名称 City	人均排放 /（t/ 人）Per capita emissions/ (t/person)	单位 GDP 二氧化碳排放 /（t/ 万元）CO_2 emissions per GDP /(t/10⁴ RMB)				地均排放 /（t/km^2）Per land area emissions/ (t/km^2)	碳生产率 /（万元 /t）Carbon productivity/ (10^4 RMB/t)
		总 GDP Gross Domestic Product	第一产业 Primary industry	第二产业 Secondary industry	第三产业 Tertiary industry		
北京 Beijing	7.33	0.69	0.48	1.31	0.21	9691.07	1.45
天津 Tianjin	13.15	1.23	0.97	1.97	0.24	17069.75	0.81
上海 Shanghai	11.46	1.10	0.64	2.05	0.32	43648.19	0.91
重庆 Chongqing	6.76	1.30	0.13	2.24	0.30	2474.89	0.77

城市名称 City	部门二氧化碳排放 / 万 t Sectoral CO_2 emissions /10^4 ton						
	农业 Agriculture	工业能源 Industrial energy	服务业 Service	工业过程 Industrial processes	城镇 Urban	农村 Rural	生活 Household
石家庄 Shijiazhuang	46.30	10342.00	198.30	786.13	111.42	390.24	501.66
唐山 Tangshan	43.98	14697.08	128.88	1408.17	72.41	280.03	352.44
秦皇岛 Qinhuangdao	16.56	2133.19	51.45	93.14	28.91	69.28	98.19
邯郸 Handan	49.00	10397.05	154.63	479.44	86.88	426.42	513.30
邢台 Xingtai	52.67	2075.14	92.47	424.46	51.88	298.68	350.56
保定 Baoding	60.92	2643.21	154.84	413.34	87.00	535.43	622.43
张家口 Zhangjiakou	101.11	4724.57	61.45	184.43	34.52	92.00	126.52
承德 Chengde	40.00	3070.76	49.50	402.19	27.81	34.91	62.72
沧州 Cangzhou	66.14	3407.45	93.54	0.00	52.56	382.28	434.84
廊坊 Langfang	32.38	1356.56	71.07	32.84	39.93	187.57	227.50
衡水 Hengshui	44.56	910.47	54.25	46.35	30.42	172.98	203.40

城市名称 City	部门二氧化碳排放 / 万 t Sectoral CO_2 emissions /10^4 ton				
	道路 Road	铁路 Railway	水运 Waterborne navigation	航空 Aviation	交通 Transport
石家庄 Shijiazhuang	274.80	12.92	0.00	9.22	296.94
唐山 Tangshan	291.85	15.39	132.92	0.37	440.53
秦皇岛 Qinhuangdao	124.55	7.49	23.90	0.23	156.17
邯郸 Handan	230.48	10.51	0.09	0.36	241.45
邢台 Xingtai	214.96	4.31	0.02	0.00	219.29
保定 Baoding	405.30	12.33	0.00	0.00	417.63
张家口 Zhangjiakou	359.40	10.85	0.00	0.00	370.25
承德 Chengde	279.67	11.26	0.00	0.00	290.93
沧州 Cangzhou	298.80	12.53	4.59	0.00	315.92
廊坊 Langfang	150.82	4.66	0.00	0.00	155.48
衡水 Hengshui	124.45	4.13	0.03	0.00	128.61

城市名称 City	二氧化碳汇总排放 / 万 t CO_2 emissions /10^4 ton				
	能源 Energy	工业 Industrial total	间接 Indirect	直接 Direct	总排放 Total
石家庄 Shijiazhuang	11385.20	11128.13	1118.09	12171.33	13289.42
唐山 Tangshan	15662.92	16105.26	3551.79	17071.09	20622.88
秦皇岛 Qinhuangdao	2455.56	2226.33	489.64	2548.70	3038.34
邯郸 Handan	11355.44	10876.49	0.00	11834.88	11834.88
邢台 Xingtai	2790.14	2499.60	0.00	3214.60	3214.60
保定 Baoding	3899.03	3056.55	519.64	4312.37	4832.01
张家口 Zhangjiakou	5383.91	4909.01	0.00	5568.34	5568.34
承德 Chengde	3513.91	3472.94	403.69	3916.10	4319.79
沧州 Cangzhou	4317.89	3407.45	646.07	4317.89	4963.96
廊坊 Langfang	1842.98	1389.39	1533.93	1875.82	3409.75
衡水 Hengshui	1341.30	956.82	540.72	1387.65	1928.37

城市名称 City	人均排放 /（t/ 人）Per capita emissions/ (t/person)	单位 GDP 二氧化碳排放 /（t/ 万元）CO_2 emissions per GDP /(t/10^4 RMB)				地均排放 /（t/km^2）Per land area emissions/(t/km^2)	碳生产率 /（万元 /t）Carbon productivity/ (10^4 RMB/t)
		总 GDP Gross Domestic Product	第一产业 Primary industry	第二产业 Secondary industry	第三产业 Tertiary industry		
石家庄 Shijiazhuang	12.42	2.44	0.09	4.54	0.20	10178.78	0.41
唐山 Tangshan	26.44	3.38	0.08	4.79	0.26	15307.96	0.30
秦皇岛 Qinhuangdao	9.89	2.43	0.09	5.00	0.33	3894.31	0.41
邯郸 Handan	11.27	3.76	0.12	7.33	0.31	9809.27	0.27
邢台 Xingtai	4.41	1.82	0.19	3.15	0.45	2585.54	0.55
保定 Baoding	4.67	1.61	0.17	2.04	0.50	2178.05	0.62
张家口 Zhangjiakou	12.59	4.08	0.41	9.00	0.75	1513.26	0.24
承德 Chengde	12.24	3.18	0.17	5.46	0.70	1093.81	0.31
沧州 Cangzhou	6.41	1.49	0.21	2.07	0.30	3536.84	0.67
廊坊 Langfang	7.41	1.38	0.16	1.26	0.19	5342.76	0.73
衡水 Hengshui	4.35	1.58	0.26	1.70	0.37	2187.60	0.63

城市名称 City	部门二氧化碳排放 / 万 t Sectoral CO_2 emissions /10^4 ton						
	农业 Agriculture	工业能源 Industrial energy	服务业 Service	工业过程 Industrial processes	城镇 Urban	农村 Rural	生活 Household
太原 Taiyuan	12.24	7254.77	191.29	330.95	144.87	72.87	217.75
大同 Datong	33.69	5410.65	105.97	197.25	80.25	68.51	148.76
阳泉 Yangquan	4.74	1753.23	55.40	295.67	41.95	18.07	60.02
长治 Changzhi	43.45	3510.47	57.15	207.41	43.28	134.75	178.03
晋城 Jincheng	22.86	1793.29	36.19	132.70	27.41	87.85	115.25
朔州 Shuozhou	34.25	3722.70	27.43	137.35	20.77	50.88	71.65
晋中 Jinzhong	29.85	4324.23	56.81	170.81	43.02	123.54	166.56
运城 Yuncheng	58.83	5822.45	67.69	198.16	51.26	343.45	394.71
忻州 Xinzhou	50.14	2570.15	37.58	52.59	28.46	121.09	149.54
临汾 Linfen	47.32	15887.70	57.94	124.24	43.88	241.31	285.19
吕梁 Lvliang	43.35	1535.69	44.13	220.79	33.42	120.37	153.79

城市名称 City	部门二氧化碳排放 / 万 t Sectoral CO_2 emissions /10^4 ton				
	道路 Road	铁路 Railway	水运 Waterborne navigation	航空 Aviation	交通 Transport
太原 Taiyuan	126.33	4.39	0.00	37.92	168.64
大同 Datong	173.74	6.16	0.00	2.00	186.89
阳泉 Yangquan	71.37	2.92	0.00	0.00	74.29
长治 Changzhi	143.15	4.78	0.00	3.41	151.35
晋城 Jincheng	113.89	3.66	0.01	0.00	117.56
朔州 Shuozhou	133.31	3.09	0.00	0.00	136.40
晋中 Jinzhong	221.91	8.10	0.00	0.00	230.02
运城 Yuncheng	210.85	4.45	0.15	3.41	218.87
忻州 Xinzhou	197.01	10.81	0.00	0.00	207.81
临汾 Linfen	184.87	3.99	0.00	0.00	188.86
吕梁 Lvliang	158.03	0.58	0.00	0.00	158.62

城市名称 City	二氧化碳汇总排放 / 万 t CO_2 emissions /10^4 ton				
	能源 Energy	工业 Industrial total	间接 Indirect	直接 Direct	总排放 Total
太原 Taiyuan	7844.68	7585.72	122.48	8175.63	8298.11
大同 Datong	5885.95	5607.89	0.00	6083.20	6083.20
阳泉 Yangquan	1947.68	2048.91	123.50	2243.36	2366.86
长治 Changzhi	3940.45	3717.88	0.00	4147.86	4147.86
晋城 Jincheng	2085.15	1925.99	0.00	2217.85	2217.85
朔州 Shuozhou	3992.43	3860.05	0.00	4129.78	4129.78
晋中 Jinzhong	4807.47	4495.04	0.00	4978.28	4978.28
运城 Yuncheng	6562.55	6020.61	1148.71	6760.71	7909.42
忻州 Xinzhou	3015.23	2622.74	0.00	3067.82	3067.82
临汾 Linfen	16467.01	16011.94	0.00	16591.25	16591.25
吕梁 Lvliang	1935.58	1756.48	218.21	2156.37	2374.58

城市名称 City	人均排放 /（t/ 人）Per capita emissions/ (t/person)	单位 GDP 二氧化碳排放 /（t/ 万元）CO_2 emissions per GDP /(t/10^4 RMB)				地均排放 /（t/km^2）Per land area emissions/(t/km^2)	碳生产率 /（万元 /t）Carbon productivity/ (10^4 RMB/t)
		总 GDP Gross Domestic Product	第一产业 Primary industry	第二产业 Secondary industry	第三产业 Tertiary industry		
太原 Taiyuan	19.21	3.03	0.33	7.43	0.21	11874.81	0.33
大同 Datong	17.86	5.77	0.59	12.75	0.53	4291.20	0.17
阳泉 Yangquan	16.93	3.97	0.47	6.90	0.45	5179.13	0.25
长治 Changzhi	12.13	3.47	0.75	6.08	0.40	2984.93	0.29
晋城 Jincheng	9.58	2.13	0.46	3.34	0.37	2353.16	0.47
朔州 Shuozhou	23.44	4.58	0.62	9.50	0.37	3886.85	0.22
晋中 Jinzhong	14.92	4.76	0.28	9.81	0.59	3037.02	0.21
运城 Yuncheng	14.99	6.74	0.31	13.67	0.53	5576.69	0.15
忻州 Xinzhou	9.77	4.50	0.79	8.61	0.78	1219.71	0.22
临汾 Linfen	37.40	14.29	0.52	28.42	0.49	8183.11	0.07
吕梁 Lvliang	6.20	2.48	0.80	3.23	0.57	1118.03	0.40

城市名称 City	部门二氧化碳排放 / 万 t Sectoral CO_2 emissions /10^4 ton						
	农业 Agriculture	工业能源 Industrial energy	服务业 Service	工业过程 Industrial processes	城镇 Urban	农村 Rural	生活 Household
呼和浩特 Hohhot	54.59	5198.79	438.97	242.13	22.74	43.63	66.37
包头 Baotou	42.32	7510.74	120.17	53.01	6.22	33.40	39.63
乌海 Wuhai	1.26	4142.32	59.31	339.07	3.07	2.40	5.47
赤峰 Chifeng	181.70	4642.78	288.39	197.42	14.94	94.96	109.90
通辽 Tongliao	158.59	6438.51	288.97	219.14	14.97	86.40	101.37
鄂尔多斯 Ordos	33.65	12023.28	148.35	287.65	7.68	32.51	40.19
呼伦贝尔 Hulunbuir	174.40	7185.44	432.63	223.48	22.41	49.41	71.82
巴彦淖尔 Bayannur	58.36	1429.89	139.42	48.57	7.22	53.17	60.39
乌兰察布 Ulanqab	128.67	4412.16	232.64	287.04	12.05	68.24	80.29

城市名称 City	部门二氧化碳排放 / 万 t Sectoral CO_2 emissions /10^4 ton				
	道路 Road	铁路 Railway	水运 Waterborne navigation	航空 Aviation	交通 Transport
呼和浩特 Hohhot	143.41	1.67	0.00	29.55	174.63
包头 Baotou	69.18	2.82	0.00	7.61	79.60
乌海 Wuhai	24.92	0.92	0.00	1.47	27.31
赤峰 Chifeng	255.20	5.57	0.00	3.83	264.59
通辽 Tongliao	204.35	5.27	0.00	3.42	213.04
鄂尔多斯 Ordos	274.70	1.58	0.00	6.18	282.46
呼伦贝尔 Hulunbuir	225.48	15.80	0.00	9.39	251.67
巴彦淖尔 Bayannur	97.86	1.75	0.00	0.94	100.55
乌兰察布 Ulanqab	181.84	3.78	0.00	0.00	185.62

城市名称 City	二氧化碳汇总排放 / 万 t CO_2 emissions /10^4 ton				
	能源 Energy	工业 Industrial total	间接 Indirect	直接 Direct	总排放 Total
呼和浩特 Hohhot	5933.35	5440.92	0.00	6175.48	6175.48
包头 Baotou	7792.46	7563.75	1149.60	7845.46	8995.07
乌海 Wuhai	4235.68	4481.39	0.00	4574.75	4574.75
赤峰 Chifeng	5487.36	4840.20	0.00	5684.78	5684.78
通辽 Tongliao	7200.47	6657.65	0.00	7419.61	7419.61
鄂尔多斯 Ordos	12527.93	12310.93	602.40	12815.58	13417.98
呼伦贝尔 Hulunbuir	8115.95	7408.92	0.00	8339.43	8339.43
巴彦淖尔 Bayannur	1788.61	1478.45	0.00	1837.17	1837.17
乌兰察布 Ulanqab	5039.39	4699.21	0.00	5326.43	5326.43

城市名称 City	人均排放 /（t/ 人）Per capita emissions/ (t/person)	单位 GDP 二氧化碳排放 /（t/ 万元）CO_2 emissions per GDP /(t/10^4 RMB)				地均排放 /（t/km²）Per land area emissions/ (t/km²)	碳生产率 /（万元 /t）Carbon productivity/ (10^4 RMB/t)
		总 GDP Gross Domestic Product	第一产业 Primary industry	第二产业 Secondary industry	第三产业 Tertiary industry		
呼和浩特 Hohhot	20.18	2.00	0.43	6.27	0.29	3593.32	0.50
包头 Baotou	31.79	2.42	0.42	4.20	0.11	3239.36	0.41
乌海 Wuhai	82.31	8.17	0.27	14.04	0.37	27410.14	0.12
赤峰 Chifeng	13.22	3.05	0.66	5.48	0.79	631.49	0.33
通辽 Tongliao	23.77	3.95	0.59	7.02	0.76	1244.30	0.25
鄂尔多斯 Ordos	65.61	3.18	0.34	5.13	0.25	1546.71	0.31
呼伦贝尔 Hulunbuir	33.01	5.23	0.66	10.44	1.10	329.91	0.19
巴彦淖尔 Bayannur	10.95	2.07	0.35	3.28	0.88	277.20	0.48
乌兰察布 Ulanqab	25.23	5.83	0.97	10.59	1.24	977.33	0.17

城市名称 City	部门二氧化碳排放 / 万 t Sectoral CO_2 emissions /10^4 ton						
	农业 Agriculture	工业能源 Industrial energy	服务业 Service	工业过程 Industrial processes	城镇 Urban	农村 Rural	生活 Household
沈阳 Shenyang	55.12	4259.13	372.29	21.34	106.36	72.61	178.98
大连 Dalian	33.28	4926.04	198.32	307.52	56.66	35.60	92.26
鞍山 Anshan	21.53	3757.55	125.03	193.17	35.72	41.13	76.85
抚顺 Fushun	10.66	5631.97	56.10	33.32	16.03	27.95	43.98
本溪 Benxi	6.87	2175.29	50.72	217.44	14.49	10.43	24.92
丹东 Dandong	21.85	937.91	83.40	64.53	23.83	16.73	40.56
锦州 Jinzhou	36.60	1329.53	93.00	43.91	26.57	51.65	78.22
营口 Yingkou	10.30	2801.22	74.57	69.82	21.30	27.34	48.64
阜新 Fuxin	40.65	1695.96	41.01	81.81	11.72	28.48	40.20
辽阳 Liaoyang	12.30	1947.19	70.19	508.34	20.05	19.55	39.61
盘锦 Panjin	11.28	5598.05	33.63	25.71	9.61	22.73	32.34
铁岭 Tieling	40.15	3199.95	71.32	2.14	20.38	35.56	55.94
朝阳 Chaoyang	47.33	1953.97	78.83	96.87	22.52	38.13	60.65
葫芦岛 Huludao	23.00	2454.49	53.80	87.28	15.37	43.83	59.20

城市名称 City	部门二氧化碳排放 / 万 t Sectoral CO_2 emissions / 10^4 ton				
	道路 Road	铁路 Railway	水运 Waterborne navigation	航空 Aviation	交通 Transport
沈阳 Shenyang	631.05	3.93	0.00	23.20	658.17
大连 Dalian	578.27	4.00	136.28	25.51	744.06
鞍山 Anshan	214.79	1.86	0.00	0.24	216.88
抚顺 Fushun	243.07	1.99	0.00	0.00	245.06
本溪 Benxi	201.94	2.05	0.00	0.00	204.00
丹东 Dandong	330.04	2.40	3.73	0.38	336.56
锦州 Jinzhou	246.27	3.14	4.39	0.27	254.07
营口 Yingkou	198.33	1.16	19.44	0.00	218.93
阜新 Fuxin	255.86	1.69	0.00	0.00	257.55
辽阳 Liaoyang	121.73	1.29	0.00	0.00	123.02
盘锦 Panjin	126.34	1.21	3.21	0.00	130.77
铁岭 Tieling	283.54	2.82	0.00	0.00	286.36
朝阳 Chaoyang	360.99	3.43	0.00	0.19	364.62
葫芦岛 Huludao	174.87	3.91	16.96	0.00	195.74

城市名称 City	二氧化碳汇总排放 / 万 t CO$_2$ emissions /10^4 ton				
	能源 Energy	工业 Industrial total	间接 Indirect	直接 Direct	总排放 Total
沈阳 Shenyang	5523.70	4280.48	1141.63	5545.04	6686.68
大连 Dalian	5993.95	5233.56	0.00	6301.47	6301.47
鞍山 Anshan	4197.84	3950.73	1377.46	4391.02	5768.48
抚顺 Fushun	5987.76	5665.28	0.00	6021.08	6021.08
本溪 Benxi	2461.80	2392.73	721.84	2679.24	3401.08
丹东 Dandong	1420.27	1002.44	9.68	1484.81	1494.48
锦州 Jinzhou	1791.43	1373.44	80.44	1835.34	1915.78
营口 Yingkou	3153.67	2871.03	737.58	3223.48	3961.06
阜新 Fuxin	2075.36	1777.77	0.00	2157.17	2157.17
辽阳 Liaoyang	2192.30	2455.53	598.51	2700.64	3299.16
盘锦 Panjin	5806.07	5623.76	343.88	5831.78	6175.66
铁岭 Tieling	3653.72	3202.08	0.00	3655.86	3655.86
朝阳 Chaoyang	2505.41	2050.84	181.99	2602.28	2784.27
葫芦岛 Huludao	2786.22	2541.77	0.00	2873.50	2873.50

城市名称 City	人均排放 /（t/ 人）Per capita emissions/(t/person)	单位 GDP 二氧化碳排放 /（t/ 万元）CO_2 emissions per GDP /(t/10^4 RMB)				地均排放 /（t/km^2）Per land area emissions/(t/km^2)	碳生产率 /（万元 /t）Carbon productivity/(10^4 RMB/t)
		总 GDP Gross Domestic Product	第一产业 Primary industry	第二产业 Secondary industry	第三产业 Tertiary industry		
沈阳 Shenyang	8.06	0.92	0.16	1.23	0.30	5199.59	1.09
大连 Dalian	9.02	0.82	0.07	1.56	0.24	5011.50	1.23
鞍山 Anshan	15.98	2.47	0.16	3.58	0.31	6232.82	0.41
抚顺 Fushun	29.07	4.95	0.11	9.53	0.57	5341.62	0.20
本溪 Benxi	19.79	2.92	0.10	3.99	0.51	4043.61	0.34
丹东 Dandong	6.20	1.52	0.14	2.49	0.99	977.42	0.66
锦州 Jinzhou	6.24	1.44	0.17	2.41	0.63	1906.82	0.69
营口 Yingkou	16.21	2.62	0.09	3.95	0.43	7556.39	0.38
阜新 Fuxin	12.13	4.10	0.34	8.85	1.45	2083.22	0.24
辽阳 Liaoyang	17.87	3.21	0.17	4.32	0.50	6890.47	0.31
盘锦 Panjin	42.98	4.91	0.09	8.37	0.35	15192.26	0.20
铁岭 Tieling	13.78	4.93	0.20	13.60	1.19	2815.45	0.20
朝阳 Chaoyang	9.43	3.26	0.21	7.90	1.18	1413.48	0.31
葫芦岛 Huludao	11.24	3.99	0.22	8.58	0.78	2759.27	0.25

城市名称 City	部门二氧化碳排放 / 万 t Sectoral CO_2 emissions /10^4 ton						
	农业 Agriculture	工业能源 Industrial energy	服务业 Service	工业过程 Industrial processes	城镇 Urban	农村 Rural	生活 Household
长春 Changchun	58.22	4231.83	380.35	760.62	64.50	99.00	163.50
吉林 Jilin	32.63	5410.65	183.88	317.98	31.18	45.76	76.94
四平 Siping	39.38	1575.12	125.47	249.72	21.28	63.72	85.00
辽源 Liaoyuan	10.16	419.32	50.85	87.23	8.62	17.34	25.96
通化 Tonghua	14.39	1577.25	76.76	54.95	13.02	31.85	44.86
白山 Baishan	4.79	2621.60	38.16	48.82	6.47	2.82	9.29
松原 Songyuan	48.22	1362.57	79.30	0.00	13.45	94.25	107.70
白城 Baicheng	41.75	847.78	86.20	0.00	14.62	38.80	53.42

城市名称 City	部门二氧化碳排放 / 万 t Sectoral CO_2 emissions /10^4 ton				
	道路 Road	铁路 Railway	水运 Waterborne navigation	航空 Aviation	交通 Transport
长春 Changchun	184.31	2.15	0.01	0.44	186.91
吉林 Jilin	163.15	3.15	0.01	0.00	166.31
四平 Siping	119.38	1.07	0.00	0.00	120.45
辽源 Liaoyuan	59.03	0.43	0.00	0.00	59.45
通化 Tonghua	114.26	1.71	0.01	0.00	115.98
白山 Baishan	49.27	1.20	0.01	0.02	50.50
松原 Songyuan	143.82	1.25	0.01	0.00	145.08
白城 Baicheng	81.80	1.64	0.01	0.00	83.45

城市名称 City	二氧化碳汇总排放 / 万 t CO_2 emissions /10^4 ton				
	能源 Energy	工业 Industrial total	间接 Indirect	直接 Direct	总排放 Total
长春 Changchun	5020.81	4992.45	0.00	5781.43	5781.43
吉林 Jilin	5870.42	5728.63	147.20	6188.40	6335.60
四平 Siping	1945.41	1824.84	0.00	2195.13	2195.13
辽源 Liaoyuan	565.75	506.56	148.82	652.98	801.79
通化 Tonghua	1829.25	1632.20	65.49	1884.20	1949.68
白山 Baishan	2724.35	2670.43	0.00	2773.17	2773.17
松原 Songyuan	1742.87	1362.57	82.91	1742.87	1825.78
白城 Baicheng	1112.61	847.78	0.00	1112.61	1112.61

城市名称 City	人均排放 /（t/ 人）Per capita emissions/ (t/person)	单位 GDP 二氧化碳排放 /（t/ 万元）CO_2 emissions per GDP /(t/10^4 RMB)				地均排放 /（t/km^2）Per land area emissions/ (t/km^2)	碳生产率 /（万元 /t）Carbon productivity/ (10^4 RMB/t)
		总 GDP Gross Domestic Product	第一产业 Primary industry	第二产业 Secondary industry	第三产业 Tertiary industry		
长春 Changchun	7.67	1.05	0.17	1.80	0.23	2807.34	0.96
吉林 Jilin	14.86	2.58	0.13	5.14	0.32	2286.31	0.39
四平 Siping	6.71	1.78	0.12	3.41	0.64	1526.30	0.56
辽源 Liaoyuan	6.64	1.10	0.17	1.21	0.44	1559.91	0.91
通化 Tonghua	8.82	1.95	0.16	3.19	0.49	1248.84	0.51
白山 Baishan	22.01	4.15	0.08	7.04	0.39	1584.22	0.24
松原 Songyuan	6.57	1.12	0.17	1.89	0.36	865.75	0.90
白城 Baicheng	5.66	1.59	0.35	2.66	0.65	431.93	0.63

城市名称 City	部门二氧化碳排放 / 万 t Sectoral CO_2 emissions /10^4 ton						
	农业 Agriculture	工业能源 Industrial energy	服务业 Service	工业过程 Industrial processes	城镇 Urban	农村 Rural	生活 Household
哈尔滨 Harbin	122.79	4588.28	996.45	336.61	143.19	51.77	194.96
齐齐哈尔 Qiqihar	156.55	1743.28	428.91	60.12	61.64	46.21	107.84
鸡西 Jixi	54.48	1330.92	56.15	34.74	8.07	17.99	26.06
鹤岗 Hegang	34.40	1587.08	124.16	29.72	17.84	6.76	24.60
双鸭山 Shuangyashan	59.48	1729.61	38.35	56.71	5.51	20.57	26.08
大庆 Daqing	45.04	3842.10	207.63	15.85	29.84	30.61	60.44
伊春 Yichun	14.37	505.98	94.45	91.89	13.57	15.99	29.57
佳木斯 Jiamusi	99.65	903.70	325.29	110.57	46.75	17.44	64.19
七台河 Qitaihe	14.69	3427.47	55.12	0.00	7.92	6.44	14.37
牡丹江 Mudanjiang	47.76	1164.35	278.14	6.22	39.97	19.02	58.99
黑河 Heihe	80.97	374.00	118.77	34.12	17.07	15.87	32.94
绥化 Suihua	111.04	272.75	347.73	11.32	49.97	28.94	78.91

城市名称 City	部门二氧化碳排放 / 万 t Sectoral CO_2 emissions /10^4 ton				
	道路 Road	铁路 Railway	水运 Waterborne navigation	航空 Aviation	交通 Transport
哈尔滨 Harbin	388.92	3.05	0.14	120.75	512.85
齐齐哈尔 Qiqihar	197.07	2.01	0.07	3.10	202.25
鸡西 Jixi	105.93	1.12	0.06	1.55	108.66
鹤岗 Hegang	21.48	0.37	0.04	0.00	21.89
双鸭山 Shuangyashan	72.14	0.67	0.04	0.00	72.85
大庆 Daqing	109.27	0.81	0.02	4.34	114.44
伊春 Yichun	73.25	1.65	0.07	0.74	75.72
佳木斯 Jiamusi	159.80	1.59	0.08	4.02	165.48
七台河 Qitaihe	41.33	0.31	0.01	0.00	41.64
牡丹江 Mudanjiang	182.94	2.52	0.08	5.25	190.79
黑河 Heihe	179.88	2.41	0.12	1.03	183.44
绥化 Suihua	195.99	1.59	0.07	0.00	197.64

城市名称 City	二氧化碳汇总排放 / 万 t CO_2 emissions /10^4 ton				
	能源 Energy	工业 Industrial total	间接 Indirect	直接 Direct	总排放 Total
哈尔滨 Harbin	6415.33	4924.89	274.54	6751.94	7026.48
齐齐哈尔 Qiqihar	2638.82	1803.40	0.00	2698.95	2698.95
鸡西 Jixi	1576.28	1365.66	0.00	1611.02	1611.02
鹤岗 Hegang	1792.13	1616.81	0.00	1821.86	1821.86
双鸭山 Shuangyashan	1926.37	1786.32	0.00	1983.08	1983.08
大庆 Daqing	4269.65	3857.95	722.67	4285.50	5008.17
伊春 Yichun	720.08	597.87	54.54	811.97	866.51
佳木斯 Jiamusi	1558.31	1014.27	0.00	1668.88	1668.88
七台河 Qitaihe	3553.29	3427.47	0.00	3553.29	3553.29
牡丹江 Mudanjiang	1740.04	1170.57	170.57	1746.26	1916.82
黑河 Heihe	790.12	408.13	121.31	824.24	945.55
绥化 Suihua	1008.09	284.07	151.01	1019.41	1170.41

城市名称 City	人均排放 /（t/人）Per capita emissions/ (t/person)	单位 GDP 二氧化碳排放 /（t/万元）CO_2 emissions per GDP /(t/10^4 RMB)				地均排放 /（t/km^2）Per land area emissions/(t/km^2)	碳生产率 /（万元 /t）Carbon productivity/ (10^4 RMB/t)
		总 GDP Gross Domestic Product	第一产业 Primary industry	第二产业 Secondary industry	第三产业 Tertiary industry		
哈尔滨 Harbin	6.40	1.22	0.18	2.64	0.47	1323.25	0.82
齐齐哈尔 Qiqihar	5.34	2.12	0.51	4.57	1.11	635.51	0.47
鸡西 Jixi	8.75	3.13	0.29	10.22	0.85	715.02	0.32
鹤岗 Hegang	17.57	6.85	0.37	20.34	1.57	1241.13	0.15
双鸭山 Shuangyashan	13.59	4.58	0.36	18.11	0.66	876.73	0.22
大庆 Daqing	15.73	1.68	0.23	1.99	0.38	2360.23	0.60
伊春 Yichun	7.89	3.49	0.13	12.90	1.79	264.18	0.29
佳木斯 Jiamusi	7.03	2.06	0.37	5.69	1.35	510.30	0.49
七台河 Qitaihe	42.76	16.71	0.43	43.81	0.97	5711.76	0.06
牡丹江 Mudanjiang	6.93	1.46	0.21	2.49	0.76	493.68	0.68
黑河 Heihe	5.63	2.11	0.37	6.01	1.85	138.36	0.47
绥化 Suihua	2.13	3.08	0.74	2.85	4.23	335.62	0.32

城市名称 City	部门二氧化碳排放 / 万 t Sectoral CO_2 emissions /10^4 ton						
	农业 Agriculture	工业能源 Industrial energy	服务业 Service	工业过程 Industrial processes	城镇 Urban	农村 Rural	生活 Household
南京 Nanjing	31.31	7184.62	26.23	378.54	64.96	0.65	65.61
无锡 Wuxi	17.41	5134.89	20.53	707.05	50.87	0.59	51.46
徐州 Xuzhou	65.55	7327.84	12.30	1061.05	30.47	2.59	33.06
常州 Changzhou	22.24	2531.45	14.36	1001.01	35.57	0.43	36.00
苏州 Suzhou	29.67	12189.07	27.18	240.49	66.20	1.05	67.25
南通 Nantong	62.32	4614.53	26.71	267.23	66.17	1.03	67.20
连云港 Lianyungang	40.99	2855.78	8.01	79.77	19.86	1.04	20.90
淮安 Huai'an	50.61	2985.42	7.31	131.91	18.10	1.46	19.57
盐城 Yancheng	101.69	2887.11	17.06	237.02	42.28	1.10	43.38
扬州 Yangzhou	37.79	2630.78	11.34	123.43	28.10	0.72	28.81
镇江 Zhenjiang	20.24	4290.80	9.63	518.68	23.86	0.28	24.14
泰州 Taizhou	37.29	2698.98	12.36	188.92	30.61	1.05	31.66
宿迁 Suqian	43.90	600.45	7.58	21.85	18.53	1.60	20.13

城市名称 City	部门二氧化碳排放 / 万 t Sectoral CO_2 emissions /10^4 ton				
	道路 Road	铁路 Railway	水运 Waterborne navigation	航空 Aviation	交通 Transport
南京 Nanjing	514.07	4.89	12.12	108.37	639.44
无锡 Wuxi	325.72	1.90	11.15	26.63	365.40
徐州 Xuzhou	437.81	4.28	17.00	6.64	465.73
常州 Changzhou	285.33	1.10	7.33	9.54	304.32
苏州 Suzhou	605.64	1.61	77.44	0.00	684.69
南通 Nantong	405.16	1.15	18.78	7.18	432.28
连云港 Lianyungang	298.08	0.86	29.87	3.45	332.26
淮安 Huai'an	324.08	0.71	28.62	2.60	356.01
盐城 Yancheng	405.78	1.20	28.94	4.21	440.13
扬州 Yangzhou	245.00	0.62	15.95	4.47	266.04
镇江 Zhenjiang	185.09	2.19	7.10	0.00	194.38
泰州 Taizhou	219.33	0.80	12.11	0.00	232.24
宿迁 Suqian	216.08	0.43	22.98	0.00	239.49

江苏 Jiangsu—表3

城市名称 City	二氧化碳汇总排放 / 万 t CO_2 emissions /10^4 ton				
	能源 Energy	工业 Industrial total			总排放 Total
			间接 Indirect	直接 Direct	
南京 Nanjing	7947.21	7563.16	479.38	8325.75	8805.13
无锡 Wuxi	5589.68	5841.94	1690.18	6296.73	7986.91
徐州 Xuzhou	7904.47	8388.89	0.00	8965.52	8965.52
常州 Changzhou	2908.37	3532.46	1864.91	3909.38	5774.28
苏州 Suzhou	12997.87	12429.56	3200.96	13238.36	16439.32
南通 Nantong	5203.03	4881.76	0.00	5470.26	5470.26
连云港 Lianyungang	3257.94	2935.54	0.00	3337.71	3337.71
淮安 Huai'an	3418.92	3117.33	249.11	3550.83	3799.94
盐城 Yancheng	3489.38	3124.13	0.00	3726.40	3726.40
扬州 Yangzhou	2974.77	2754.21	0.00	3098.20	3098.20
镇江 Zhenjiang	4539.19	4809.48	0.00	5057.87	5057.87
泰州 Taizhou	3012.52	2887.89	118.77	3201.44	3320.21
宿迁 Suqian	911.55	622.30	870.18	933.41	1803.59

城市名称 City	人均排放 /（t/ 人）Per capita emissions/(t/person)	单位 GDP 二氧化碳排放 /（t/ 万元）CO_2 emissions per GDP /(t/10^4 RMB)				地均排放 /（t/km^2）Per land area emissions/(t/km^2)	碳生产率 /（万元 /t）Carbon productivity/ (10^4 RMB/t)
		总 GDP Gross Domestic Product	第一产业 Primary industry	第二产业 Secondary industry	第三产业 Tertiary industry		
南京 Nanjing	10.69	0.91	0.13	1.93	0.12	13367.43	1.10
无锡 Wuxi	12.27	0.94	0.13	1.39	0.09	17261.54	1.07
徐州 Xuzhou	10.34	1.69	0.13	3.56	0.19	7620.50	0.59
常州 Changzhou	12.28	1.10	0.15	1.40	0.12	13207.42	0.91
苏州 Suzhou	15.49	1.13	0.14	1.76	0.10	18989.62	0.88
南通 Nantong	7.49	0.89	0.18	1.64	0.16	5185.57	1.12
连云港 Lianyungang	7.46	1.54	0.15	3.06	0.37	4383.07	0.65
淮安 Huai'an	7.80	1.38	0.16	2.65	0.29	3788.57	0.72
盐城 Yancheng	5.16	0.88	0.20	1.62	0.26	2200.93	1.13
扬州 Yangzhou	6.91	0.77	0.16	1.37	0.16	4700.65	1.30
镇江 Zhenjiang	15.92	1.44	0.15	2.78	0.12	13171.53	0.69
泰州 Taizhou	7.15	0.90	0.17	1.59	0.15	5737.35	1.11
宿迁 Suqian	3.72	0.85	0.17	0.60	0.30	2115.90	1.18

城市名称 City	部门二氧化碳排放 / 万 t Sectoral CO_2 emissions / 10^4 ton						
	农业 Agriculture	工业能源 Industrial energy	服务业 Service	工业过程 Industrial processes	城镇 Urban	农村 Rural	生活 Household
杭州 Hangzhou	58.04	3308.45	204.61	925.74	88.76	27.24	116.00
宁波 Ningbo	64.56	12469.10	119.40	263.02	51.79	9.31	61.10
温州 Wenzhou	37.29	2395.25	170.57	0.00	73.99	11.52	85.51
嘉兴 Jiaxing	62.34	3415.54	70.69	318.09	30.66	13.72	44.38
湖州 Huzhou	56.04	1667.84	25.64	913.82	11.12	3.88	15.01
绍兴 Shaoxing	51.03	2185.61	76.06	180.97	32.99	10.19	43.19
金华 Jinhua	62.36	1516.07	66.37	498.74	28.79	2.83	31.62
衢州 Quzhou	37.13	1980.20	25.69	547.04	11.14	1.39	12.54
舟山 Zhoushan	6.81	1567.20	8.51	18.72	3.69	2.83	6.53
台州 Taizhou	48.25	2095.83	92.71	74.19	40.22	7.25	47.46
丽水 Lishui	23.63	294.76	12.79	82.41	5.55	0.68	6.23

城市名称 City	部门二氧化碳排放 / 万 t Sectoral CO_2 emissions /10^4 ton				
	道路 Road	铁路 Railway	水运 Waterborne navigation	航空 Aviation	交通 Transport
杭州 Hangzhou	612.62	3.13	9.09	147.91	772.74
宁波 Ningbo	452.29	2.36	119.18	34.48	608.31
温州 Wenzhou	316.08	2.10	71.60	36.52	426.29
嘉兴 Jiaxing	340.84	1.67	7.36	0.00	349.87
湖州 Huzhou	274.22	1.66	1.65	0.00	277.53
绍兴 Shaoxing	369.26	1.30	2.53	0.00	373.09
金华 Jinhua	323.91	2.20	2.70	5.62	334.43
衢州 Quzhou	275.50	1.08	2.22	0.99	280.79
舟山 Zhoushan	41.49	0.00	535.31	2.90	579.70
台州 Taizhou	288.55	0.90	68.29	2.91	360.65
丽水 Lishui	307.24	1.16	5.15	0.00	313.56

城市名称 City	二氧化碳汇总排放 / 万 t CO_2 emissions /10^4 ton				
	能源 Energy	工业 Industrial total	间接 Indirect	直接 Direct	总排放 Total
杭州 Hangzhou	4459.83	4234.19	3268.34	5385.57	8653.91
宁波 Ningbo	13322.46	12732.12	0.00	13585.48	13585.48
温州 Wenzhou	3114.92	2395.25	0.00	3114.92	3114.92
嘉兴 Jiaxing	3942.82	3733.63	0.00	4260.91	4260.91
湖州 Huzhou	2042.06	2581.67	728.09	2955.88	3683.97
绍兴 Shaoxing	2728.96	2366.58	1909.48	2909.93	4819.41
金华 Jinhua	2010.84	2014.82	1015.98	2509.58	3525.57
衢州 Quzhou	2336.34	2527.24	602.69	2883.38	3486.07
舟山 Zhoushan	2168.75	1585.93	0.00	2187.47	2187.47
台州 Taizhou	2644.91	2170.02	0.00	2719.10	2719.10
丽水 Lishui	650.97	377.17	162.16	733.39	895.54

城市名称 City	人均排放 /（t/ 人）Per capita emissions (t/person)	单位 GDP 二氧化碳排放 /（t/ 万元）CO_2 emissions per GDP /(t/10^4 RMB)				地均排放 /（t/km^2）Per land area emissions/(t/km^2)	碳生产率 /（万元 /t）Carbon productivity/ (10^4 RMB/t)
		总 GDP Gross Domestic Product	第一产业 Primary industry	第二产业 Secondary industry	第三产业 Tertiary industry		
杭州 Hangzhou	9.60	0.86	0.20	1.08	0.17	5214.45	1.16
宁波 Ningbo	17.36	1.70	0.23	3.10	0.20	13840.14	0.59
温州 Wenzhou	3.42	0.67	0.29	1.18	0.24	2577.93	1.48
嘉兴 Jiaxing	9.29	1.21	0.45	2.02	0.28	10883.55	0.83
湖州 Huzhou	12.49	1.77	0.46	2.51	0.32	6329.85	0.57
绍兴 Shaoxing	9.70	1.08	0.26	1.05	0.22	5821.25	0.93
金华 Jinhua	6.46	1.04	0.44	1.30	0.23	3222.05	0.97
衢州 Quzhou	16.34	3.04	0.44	4.73	0.58	3941.29	0.33
舟山 Zhoushan	18.99	2.00	0.06	3.53	1.11	15034.16	0.50
台州 Taizhou	4.50	0.77	0.21	1.38	0.26	2889.27	1.31
丽水 Lishui	4.19	0.81	0.26	0.75	0.64	517.72	1.23

城市名称 City	部门二氧化碳排放 / 万 t Sectoral CO_2 emissions /10^4 ton						
	农业 Agriculture	工业能源 Industrial energy	服务业 Service	工业过程 Industrial processes	城镇 Urban	农村 Rural	生活 Household
合肥 Hefei	43.39	2322.04	97.33	1593.50	79.99	50.30	130.29
芜湖 Wuhu	7.40	2673.83	23.51	1459.09	19.32	8.52	27.84
蚌埠 Bengbu	16.89	1345.85	27.61	39.70	22.69	30.63	53.32
淮南 Huainan	5.52	5503.86	25.97	104.16	21.34	10.06	31.40
马鞍山 Ma'anshan	3.62	4014.91	19.05	18.71	15.66	2.19	17.85
淮北 Huaibei	7.71	8499.89	40.13	274.16	32.98	18.86	51.85
铜陵 Tongling	1.75	2425.07	16.22	1113.95	13.33	0.74	14.07
安庆 Anqing	23.50	1976.85	37.12	840.51	30.50	15.97	46.48
黄山 Huangshan	3.49	68.78	12.27	0.00	10.09	2.17	12.25
滁州 Chuzhou	34.09	602.16	21.49	250.94	17.66	26.34	44.00
阜阳 Fuyang	30.77	1481.13	63.72	0.00	52.37	93.27	145.64
宿州 Suzhou	28.54	1060.27	40.18	317.40	33.05	71.87	104.92
六安 Lu'an	32.90	528.85	32.01	304.69	26.30	32.37	58.67
亳州 Bozhou	25.94	195.50	34.49	0.00	28.34	56.45	84.80
池州 Chizhou	7.20	882.79	7.25	808.23	5.96	2.26	8.22
宣城 Xuancheng	13.25	857.16	16.59	925.31	13.64	4.77	18.41

城市名称 City	部门二氧化碳排放 / 万 t Sectoral CO_2 emissions / 10^4 ton				
	道路 Road	铁路 Railway	水运 Waterborne navigation	航空 Aviation	交通 Transport
合肥 Hefei	377.51	5.86	50.01	23.89	457.28
芜湖 Wuhu	104.80	1.38	13.87	0.00	120.05
蚌埠 Bengbu	110.66	1.82	39.28	0.00	151.76
淮南 Huainan	38.01	1.20	7.15	0.00	46.36
马鞍山 Ma'anshan	47.80	0.74	9.45	0.00	57.99
淮北 Huaibei	57.71	1.41	9.42	0.00	68.54
铜陵 Tongling	33.94	1.24	7.14	0.00	42.32
安庆 Anqing	231.27	1.88	86.60	0.81	320.56
黄山 Huangshan	202.96	1.25	29.79	2.04	236.04
滁州 Chuzhou	190.57	3.55	49.56	0.00	243.68
阜阳 Fuyang	172.89	2.35	33.14	1.48	209.86
宿州 Suzhou	169.75	2.32	29.96	0.00	202.02
六安 Lu'an	267.01	2.13	72.39	0.00	341.54
亳州 Bozhou	138.56	1.42	24.97	0.00	164.95
池州 Chizhou	146.21	1.23	19.71	0.00	167.15
宣城 Xuancheng	132.19	2.32	29.12	0.00	163.64

城市名称 City	二氧化碳汇总排放 / 万 t CO_2 emissions /10^4 ton				
	能源 Energy	工业 Industrial total	间接 Indirect	直接 Direct	总排放 Total
合肥 Hefei	3050.32	3915.54	521.79	4643.82	5165.61
芜湖 Wuhu	2852.61	4132.91	100.60	4311.70	4412.30
蚌埠 Bengbu	1595.43	1385.55	36.38	1635.14	1671.52
淮南 Huainan	5613.11	5608.02	0.00	5717.27	5717.27
马鞍山 Ma'anshan	4113.42	4033.63	256.01	4132.13	4388.14
淮北 Huaibei	8668.12	8774.05	0.00	8942.28	8942.28
铜陵 Tongling	2499.43	3539.02	0.00	3613.38	3613.38
安庆 Anqing	2404.49	2817.36	0.00	3245.01	3245.01
黄山 Huangshan	332.84	68.78	144.45	332.84	477.29
滁州 Chuzhou	945.42	853.10	304.24	1196.36	1500.60
阜阳 Fuyang	1931.13	1481.13	251.86	1931.13	2182.99
宿州 Suzhou	1435.95	1377.67	0.00	1753.34	1753.34
六安 Lu'an	993.97	833.54	0.00	1298.66	1298.66
亳州 Bozhou	505.67	195.50	355.69	505.67	861.36
池州 Chizhou	1072.62	1691.02	117.96	1880.84	1998.80
宣城 Xuancheng	1069.05	1782.47	259.03	1994.36	2253.39

城市名称 City	人均排放 /（t/ 人）Per capita emissions/(t/person)	单位 GDP 二氧化碳排放 /（t/ 万元）CO_2 emissions per GDP /(t/10^4 RMB)				地均排放 /（t/km^2）Per land area emissions/(t/km^2)	碳生产率 /（万元 /t）Carbon productivity/(10^4 RMB/t)
		总 GDP Gross Domestic Product	第一产业 Primary industry	第二产业 Secondary industry	第三产业 Tertiary industry		
合肥 Hefei	6.63	0.91	0.16	1.32	0.23	4513.42	1.10
芜湖 Wuhu	12.08	1.80	0.06	2.94	0.15	7322.10	0.56
蚌埠 Bengbu	5.08	1.33	0.09	2.31	0.39	2808.80	0.75
淮南 Huainan	16.66	7.42	0.06	15.13	0.24	22125.68	0.13
马鞍山 Ma'anshan	19.40	3.21	0.05	5.21	0.15	10837.59	0.31
淮北 Huaibei	41.04	11.76	0.13	19.86	0.42	32624.15	0.09
铜陵 Tongling	22.70	3.96	0.04	6.29	0.19	30086.41	0.25
安庆 Anqing	7.03	2.01	0.11	3.47	0.61	2106.87	0.50
黄山 Huangshan	3.47	0.90	0.06	0.32	0.94	493.17	1.11
滁州 Chuzhou	3.74	1.15	0.15	1.23	0.68	1110.24	0.87
阜阳 Fuyang	2.76	1.72	0.11	2.87	0.59	2157.53	0.58
宿州 Suzhou	3.16	1.42	0.11	2.94	0.49	1764.10	0.70
六安 Lu'an	2.74	1.28	0.18	1.78	1.02	705.83	0.78
亳州 Bozhou	1.71	0.91	0.13	0.53	0.53	1010.87	1.09
池州 Chizhou	13.92	3.67	0.10	6.73	0.78	2379.81	0.27
宣城 Xuancheng	8.69	2.32	0.11	3.77	0.48	1830.09	0.43

城市名称 City	部门二氧化碳排放 / 万 t Sectoral CO_2 emissions /10^4 ton						
	农业 Agriculture	工业能源 Industrial energy	服务业 Service	工业过程 Industrial processes	城镇 Urban	农村 Rural	生活 Household
福州 Fuzhou	12.27	4263.37	40.20	146.50	11.35	11.11	22.46
厦门 Xiamen	3.49	1164.33	14.94	0.00	4.22	3.33	7.54
莆田 Putian	7.93	729.06	7.05	0.00	1.99	7.20	9.19
三明 Sanming	15.56	1892.40	5.62	859.43	1.59	1.41	3.00
泉州 Quanzhou	16.10	4239.27	25.73	138.48	7.26	11.85	19.12
漳州 Zhangzhou	16.93	3241.27	36.62	154.55	10.34	7.83	18.17
南平 Nanping	27.99	855.94	3.13	155.14	0.88	1.70	2.58
龙岩 Longyan	9.83	1547.95	12.34	1135.00	3.48	3.09	6.57
宁德 Ningde	12.59	1434.15	9.22	0.00	2.60	1.45	4.06

城市名称 City	部门二氧化碳排放 / 万 t Sectoral CO_2 emissions /10^4 ton				
	道路 Road	铁路 Railway	水运 Waterborne navigation	航空 Aviation	交通 Transport
福州 Fuzhou	233.75	1.16	81.39	66.22	432.51
厦门 Xiamen	72.85	0.42	23.39	137.34	233.99
莆田 Putian	102.50	0.34	17.77	0.00	120.61
三明 Sanming	277.78	0.98	0.28	0.00	279.04
泉州 Quanzhou	268.47	1.36	55.92	22.36	348.11
漳州 Zhangzhou	249.59	1.27	78.37	0.00	329.23
南平 Nanping	358.55	2.43	0.36	2.81	364.15
龙岩 Longyan	271.36	1.35	0.26	0.58	273.55
宁德 Ningde	144.59	0.78	28.57	0.00	173.94

城市名称 City	二氧化碳汇总排放 / 万 t CO_2 emissions /10^4 ton				
	能源 Energy	工业 Industrial total	间接 Indirect	直接 Direct	总排放 Total
福州 Fuzhou	4770.81	4409.87	0.00	4917.31	4917.31
厦门 Xiamen	1424.29	1164.33	948.87	1424.29	2373.16
莆田 Putian	873.84	729.06	0.00	873.84	873.84
三明 Sanming	2195.62	2751.83	122.10	3055.05	3177.14
泉州 Quanzhou	4648.33	4377.75	1011.80	4786.81	5798.61
漳州 Zhangzhou	3642.24	3395.82	60.12	3796.79	3856.91
南平 Nanping	1253.78	1011.08	423.55	1408.92	1832.48
龙岩 Longyan	1850.24	2682.96	220.40	2985.24	3205.64
宁德 Ningde	1633.95	1434.15	0.00	1633.95	1633.95

城市名称 City	人均排放 /（t/ 人）Per capita emissions/(t/person)	单位 GDP 二氧化碳排放 /（t/ 万元）CO_2 emissions per GDP /(t/10^4 RMB)				地均排放 /（t/km²）Per land area emissions/(t/km²)	碳生产率 /（万元 /t）Carbon productivity/(10^4 RMB/t)
		总 GDP Gross Domestic Product	第一产业 Primary industry	第二产业 Secondary industry	第三产业 Tertiary industry		
福州 Fuzhou	6.56	0.88	0.03	1.80	0.17	3879.53	1.14
厦门 Xiamen	6.15	0.68	0.15	0.77	0.13	13967.99	1.46
莆田 Putian	3.04	0.53	0.07	0.77	0.22	2115.33	1.89
三明 Sanming	12.56	1.85	0.06	3.14	0.49	1383.47	0.54
泉州 Quanzhou	6.81	0.94	0.09	1.19	0.16	5264.29	1.06
漳州 Zhangzhou	7.71	1.39	0.05	2.53	0.35	2994.49	0.72
南平 Nanping	6.94	1.37	0.10	1.75	0.78	697.29	0.73
龙岩 Longyan	12.23	1.84	0.05	2.93	0.46	1681.60	0.54
宁德 Ningde	5.69	1.10	0.05	1.89	0.39	1214.65	0.91

城市名称 City	部门二氧化碳排放 / 万 t Sectoral CO_2 emissions /10^4 ton						
	农业 Agriculture	工业能源 Industrial energy	服务业 Service	工业过程 Industrial processes	生活 Household		
					城镇 Urban	农村 Rural	
南昌 Nanchang	15.34	1479.05	112.57	214.14	48.29	13.81	62.09
景德镇 Jingdezhen	4.22	1574.52	19.22	138.69	8.25	6.67	14.91
萍乡 Pingxiang	3.01	1083.52	20.67	248.47	8.87	60.47	69.34
九江 Jiujiang	19.61	1744.45	25.32	868.13	10.86	18.29	29.15
新余 Xinyu	4.23	1817.90	12.50	176.78	5.36	31.41	36.77
鹰潭 Yingtan	4.25	769.96	6.40	31.99	2.75	5.44	8.18
赣州 Ganzhou	20.55	742.16	41.71	832.45	17.89	31.77	49.67
吉安 Ji'an	23.10	1018.84	12.93	282.91	5.55	45.02	50.57
宜春 Yichun	22.48	3201.79	23.23	456.02	9.97	32.38	42.34
抚州 Fuzhou	16.30	686.52	24.78	100.94	10.63	9.60	20.23
上饶 Shangrao	21.99	1274.43	31.52	716.98	13.52	32.81	46.34

城市名称 City	部门二氧化碳排放 / 万 t Sectoral CO_2 emissions /10^4 ton				
	道路 Road	铁路 Railway	水运 Waterborne navigation	航空 Aviation	交通 Transport
南昌 Nanchang	139.90	3.42	2.82	2.47	148.61
景德镇 Jingdezhen	70.88	2.08	0.36	0.16	73.48
萍乡 Pingxiang	40.87	0.85	0.27	0.00	42.00
九江 Jiujiang	174.04	3.63	3.86	0.01	181.54
新余 Xinyu	43.74	1.91	0.37	0.00	46.02
鹰潭 Yingtan	38.69	1.64	0.37	0.00	40.69
赣州 Ganzhou	366.13	2.51	3.49	0.30	372.43
吉安 Ji'an	221.41	3.20	2.94	0.17	227.72
宜春 Yichun	160.18	3.48	1.39	0.00	165.06
抚州 Fuzhou	184.88	1.42	1.76	0.00	188.05
上饶 Shangrao	215.06	2.94	3.10	0.00	221.09

城市名称 City	二氧化碳汇总排放 / 万 t CO_2 emissions / 10^4 ton				
	能源 Energy	工业 Industrial total	间接 Indirect	直接 Direct	总排放 Total
南昌 Nanchang	1817.66	1693.20	850.73	2031.81	2882.53
景德镇 Jingdezhen	1686.35	1713.21	0.00	1825.05	1825.05
萍乡 Pingxiang	1218.53	1331.99	142.74	1467.01	1609.75
九江 Jiujiang	2000.07	2612.58	246.51	2868.20	3114.71
新余 Xinyu	1917.43	1994.68	200.06	2094.21	2294.27
鹰潭 Yingtan	829.49	801.95	0.00	861.48	861.48
赣州 Ganzhou	1226.51	1574.61	436.03	2058.97	2494.99
吉安 Ji'an	1333.16	1301.75	0.00	1616.07	1616.07
宜春 Yichun	3454.90	3657.81	38.32	3910.92	3949.24
抚州 Fuzhou	935.88	787.46	238.22	1036.82	1275.04
上饶 Shangrao	1595.37	1991.41	220.30	2312.36	2532.65

城市名称 City	人均排放 /（t/人）Per capita emissions/ (t/person)	单位 GDP 二氧化碳排放 /（t/万元）CO_2 emissions per GDP /(t/10^4 RMB)				地均排放 /（t/km^2）Per land area emissions/ (t/km^2)	碳生产率 /（万元 /t）Carbon productivity/ (10^4 RMB/t)
		总 GDP Gross Domestic Product	第一产业 Primary industry	第二产业 Secondary industry	第三产业 Tertiary industry		
南昌 Nanchang	5.44	0.72	0.09	0.78	0.16	3894.26	1.39
景德镇 Jingdezhen	11.12	2.36	0.07	3.91	0.33	3469.01	0.42
萍乡 Pingxiang	8.47	1.76	0.05	2.57	0.19	4201.91	0.57
九江 Jiujiang	6.45	1.64	0.14	2.58	0.28	1573.25	0.61
新余 Xinyu	19.66	2.42	0.08	3.78	0.16	7219.21	0.41
鹰潭 Yingtan	7.47	1.35	0.09	2.11	0.22	2419.90	0.74
赣州 Ganzhou	2.92	1.26	0.07	1.81	0.51	633.84	0.79
吉安 Ji'an	3.30	1.22	0.11	1.98	0.53	636.93	0.82
宜春 Yichun	7.16	2.44	0.10	4.36	0.34	2115.40	0.41
抚州 Fuzhou	3.19	1.15	0.09	1.43	0.57	678.25	0.87
上饶 Shangrao	3.77	1.53	0.10	2.48	0.40	1111.25	0.65

城市名称 City	部门二氧化碳排放 / 万 t Sectoral CO_2 emissions /10^4 ton						
	农业 Agriculture	工业能源 Industrial energy	服务业 Service	工业过程 Industrial processes	城镇 Urban	农村 Rural	生活 Household
济南 Jinan	27.79	5236.54	174.96	336.37	61.27	44.55	105.82
青岛 Qingdao	39.62	5140.08	264.50	139.25	92.62	55.49	148.11
淄博 Zibo	16.93	6327.55	136.96	891.11	47.96	32.63	80.59
枣庄 Zaozhuang	14.48	3682.12	89.50	1065.69	31.34	30.13	61.47
东营 Dongying	23.73	1994.71	26.69	163.29	9.35	20.55	29.90
烟台 Yantai	36.74	4783.58	154.82	540.91	54.22	43.34	97.55
潍坊 Weifang	62.69	5608.91	158.09	860.86	55.36	72.05	127.41
济宁 Jining	41.36	8800.28	139.73	686.14	48.97	84.38	133.35
泰安 Tai'an	28.95	5774.95	81.39	427.54	28.50	60.47	88.97
威海 Weihai	20.35	2052.27	53.84	72.74	18.85	15.69	34.54
日照 Rizhao	20.40	2433.27	58.97	780.18	20.65	13.89	34.54
莱芜 Laiwu	6.07	4132.44	20.56	122.91	7.20	8.90	16.10
临沂 Linyi	60.92	4777.48	169.01	735.61	59.18	85.35	144.53
德州 Dezhou	46.68	4709.74	77.84	132.66	27.26	54.63	81.88
聊城 Liaocheng	38.58	4266.36	75.31	43.06	26.37	75.04	101.41
滨州 Binzhou	33.76	15249.08	44.10	365.40	15.44	38.18	53.62
菏泽 Heze	54.80	2612.57	91.95	226.29	32.20	119.65	151.85

城市名称 City	部门二氧化碳排放 / 万 t Sectoral CO_2 emissions /10^4 ton				
	道路 Road	铁路 Railway	水运 Waterborne navigation	航空 Aviation	交通 Transport
济南 Jinan	320.26	3.51	1.52	53.32	378.61
青岛 Qingdao	521.25	2.75	83.77	104.37	712.15
淄博 Zibo	181.99	2.81	1.01	0.00	185.81
枣庄 Zaozhuang	141.62	2.48	0.80	0.00	144.90
东营 Dongying	148.40	0.42	25.85	1.65	176.31
烟台 Yantai	425.81	2.82	142.18	23.68	594.49
潍坊 Weifang	402.63	4.99	6.26	3.43	417.30
济宁 Jining	279.65	3.59	2.98	2.55	288.77
泰安 Tai'an	189.84	3.24	1.10	0.00	194.18
威海 Weihai	149.80	1.29	106.86	7.02	264.97
日照 Rizhao	133.87	1.46	52.90	0.00	188.23
莱芜 Laiwu	90.76	1.07	0.36	0.00	92.19
临沂 Linyi	445.70	3.58	2.51	5.55	457.34
德州 Dezhou	284.43	2.66	1.83	0.00	288.92
聊城 Liaocheng	209.80	2.20	1.70	0.00	213.70
滨州 Binzhou	199.27	0.69	14.44	0.00	214.40
菏泽 Heze	236.53	2.85	1.74	0.00	241.12

城市名称 City	二氧化碳汇总排放 / 万 t CO$_2$ emissions /10^4 ton				
	能源 Energy	工业 Industrial total	间接 Indirect	直接 Direct	总排放 Total
济南 Jinan	5923.73	5572.90	1065.82	6260.10	7325.92
青岛 Qingdao	6304.46	5279.33	1665.35	6443.71	8109.07
淄博 Zibo	6747.84	7218.66	732.74	7638.96	8371.70
枣庄 Zaozhuang	3992.46	4747.80	137.06	5058.15	5195.20
东营 Dongying	2251.34	2157.99	1143.78	2414.62	3558.40
烟台 Yantai	5667.19	5324.50	1.28	6208.10	6209.38
潍坊 Weifang	6374.40	6469.76	2751.37	7235.26	9986.62
济宁 Jining	9403.49	9486.42	0.00	10089.63	10089.63
泰安 Tai'an	6168.45	6202.49	38.11	6595.98	6634.09
威海 Weihai	2425.97	2125.01	0.00	2498.71	2498.71
日照 Rizhao	2735.41	3213.46	3.05	3515.59	3518.64
莱芜 Laiwu	4267.37	4255.36	0.00	4390.29	4390.29
临沂 Linyi	5609.28	5513.08	1235.68	6344.88	7580.56
德州 Dezhou	5205.07	4842.40	397.43	5337.72	5735.16
聊城 Liaocheng	4695.37	4309.43	1549.23	4738.43	6287.65
滨州 Binzhou	15594.96	15614.48	701.22	15960.36	16661.58
菏泽 Heze	3152.30	2838.85	0.00	3378.58	3378.58

城市名称 City	人均排放 /（t/人） Per capita emissions/ (t/person)	单位 GDP 二氧化碳排放 /（t/万元） CO_2 emissions per GDP /(t/10^4 RMB)				地均排放 /（t/km^2） Per land area emissions/ (t/km^2)	碳生产率 /（万元 /t） Carbon productivity/ (10^4 RMB/t)
		总 GDP Gross Domestic Product	第一产业 Primary industry	第二产业 Secondary industry	第三产业 Tertiary industry		
济南 Jinan	10.27	1.20	0.09	2.42	0.16	9159.69	0.83
青岛 Qingdao	8.91	0.87	0.11	1.31	0.20	7187.61	1.15
淄博 Zibo	18.03	2.03	0.12	3.24	0.18	14034.70	0.49
枣庄 Zaozhuang	13.40	2.56	0.09	4.44	0.29	11383.00	0.39
东营 Dongying	16.86	1.03	0.20	0.97	0.18	4316.88	0.97
烟台 Yantai	8.85	0.96	0.08	1.60	0.28	4482.66	1.04
潍坊 Weifang	10.76	1.93	0.14	2.60	0.26	6186.35	0.52
济宁 Jining	12.16	2.51	0.09	5.00	0.26	8920.19	0.40
泰安 Tai'an	11.84	2.10	0.11	4.24	0.19	8546.89	0.48
威海 Weihai	8.91	0.83	0.09	1.49	0.23	4310.36	1.20
日照 Rizhao	12.22	2.11	0.15	3.95	0.34	6565.85	0.47
莱芜 Laiwu	32.48	6.59	0.12	12.36	0.42	19547.14	0.15
临沂 Linyi	7.35	2.01	0.18	3.27	0.36	4409.61	0.50
德州 Dezhou	9.99	2.08	0.16	3.57	0.33	5536.94	0.48
聊城 Liaocheng	10.53	2.36	0.12	3.17	0.29	6998.73	0.42
滨州 Binzhou	43.18	7.07	0.16	13.58	0.26	17248.02	0.14
菏泽 Heze	3.97	1.41	0.20	2.24	0.39	2756.68	0.71

城市名称 City	部门二氧化碳排放 / 万 t Sectoral CO_2 emissions /10^4 ton						
	农业 Agriculture	工业能源 Industrial energy	服务业 Service	工业过程 Industrial processes	城镇 Urban	农村 Rural	生活 Household
郑州 Zhengzhou	22.10	5382.22	194.72	859.06	97.32	46.22	143.55
开封 Kaifeng	24.32	1270.79	53.13	36.63	26.55	65.87	92.43
洛阳 Luoyang	30.79	6787.23	91.41	416.14	45.69	52.53	98.22
平顶山 Pingdingshan	23.88	8829.57	58.39	429.98	29.18	38.94	68.13
安阳 Anyang	23.50	2950.98	68.78	632.37	34.38	53.00	87.37
鹤壁 Hebi	6.99	2901.41	20.09	251.87	10.04	28.91	38.95
新乡 Xinxiang	27.33	2992.44	78.57	939.90	39.27	69.44	108.71
焦作 Jiaozuo	12.47	3447.75	52.03	334.05	26.00	47.31	73.31
濮阳 Puyang	16.05	928.88	39.87	48.10	19.93	49.43	69.36
许昌 Xuchang	18.68	2488.85	50.52	634.15	25.25	54.92	80.17
漯河 Luohe	10.38	689.09	32.23	13.51	16.11	37.30	53.41
三门峡 Sanmenxia	15.08	3875.79	25.03	288.52	12.51	12.27	24.78
南阳 Nanyang	72.53	1896.58	61.68	701.43	30.83	81.99	112.82
商丘 Shangqiu	41.31	4519.25	58.24	156.54	29.11	108.81	137.92
信阳 Xinyang	62.20	1070.42	42.08	189.99	21.03	33.60	54.64
周口 Zhoukou	46.96	300.97	72.90	46.94	36.55	137.21	173.76
驻马店 Zhumadian	55.39	1355.99	55.03	570.57	27.50	69.83	97.33

城市名称 City	部门二氧化碳排放 / 万 t Sectoral CO_2 emissions /10^4 ton				
	道路 Road	铁路 Railway	水运 Waterborne navigation	航空 Aviation	交通 Transport
郑州 Zhengzhou	312.71	8.76	3.46	128.91	453.84
开封 Kaifeng	168.49	2.13	2.49	0.00	173.11
洛阳 Luoyang	281.04	3.76	5.11	4.37	294.28
平顶山 Pingdingshan	215.44	3.64	2.90	0.00	221.97
安阳 Anyang	154.71	2.87	2.55	0.00	160.14
鹤壁 Hebi	47.90	1.18	1.36	0.00	50.44
新乡 Xinxiang	162.04	3.84	5.09	0.00	170.97
焦作 Jiaozuo	115.75	1.82	2.81	0.00	120.39
濮阳 Puyang	92.41	0.92	2.64	0.00	95.97
许昌 Xuchang	164.22	3.29	2.00	0.00	169.51
漯河 Luohe	73.96	2.35	1.68	0.00	77.99
三门峡 Sanmenxia	169.93	4.43	3.02	0.00	177.38
南阳 Nanyang	394.97	5.67	11.59	3.42	415.65
商丘 Shangqiu	240.37	2.42	5.48	0.00	248.26
信阳 Xinyang	319.66	6.67	12.19	0.00	338.52
周口 Zhoukou	261.54	1.40	6.38	0.00	269.33
驻马店 Zhumadian	244.05	3.63	7.53	0.00	255.21

城市名称 City	二氧化碳汇总排放 / 万 t CO_2 emissions / 10^4 ton				
	能源 Energy	工业 Industrial total	间接 Indirect	直接 Direct	总排放 Total
郑州 Zhengzhou	6196.43	6241.28	352.09	7055.49	7407.59
开封 Kaifeng	1613.79	1307.43	493.00	1650.42	2143.42
洛阳 Luoyang	7301.93	7203.37	0.00	7718.07	7718.07
平顶山 Pingdingshan	9201.94	9259.55	0.00	9631.92	9631.92
安阳 Anyang	3290.77	3583.35	666.59	3923.14	4589.73
鹤壁 Hebi	3017.88	3153.29	0.00	3269.75	3269.75
新乡 Xinxiang	3378.01	3932.33	211.95	4317.90	4529.85
焦作 Jiaozuo	3705.94	3781.80	530.37	4039.99	4570.35
濮阳 Puyang	1150.12	976.97	372.98	1198.22	1571.20
许昌 Xuchang	2807.74	3123.00	0.00	3441.89	3441.89
漯河 Luohe	863.11	702.61	168.22	876.62	1044.84
三门峡 Sanmenxia	4118.06	4164.31	0.00	4406.58	4406.58
南阳 Nanyang	2559.25	2598.01	409.35	3260.68	3670.03
商丘 Shangqiu	5004.99	4675.79	0.00	5161.52	5161.52
信阳 Xinyang	1567.87	1260.41	135.14	1757.86	1893.00
周口 Zhoukou	863.91	347.91	221.75	910.85	1132.60
驻马店 Zhumadian	1818.96	1926.56	231.12	2389.53	2620.64

城市名称 City	人均排放 /（t/ 人）Per capita emissions/ (t/person)	单位 GDP 二氧化碳排放 /（t/ 万元）CO_2 emissions per GDP /(t/10^4 RMB)				地均排放 /（t/km^2）Per land area emissions/ (t/km^2)	碳生产率 /（万元 /t）Carbon productivity/ (10^4 RMB/t)
		总 GDP Gross Domestic Product	第一产业 Primary industry	第二产业 Secondary industry	第三产业 Tertiary industry		
郑州 Zhengzhou	7.74	1.01	0.15	1.73	0.18	9948.41	0.99
开封 Kaifeng	4.72	1.33	0.09	1.99	0.34	3326.23	0.75
洛阳 Luoyang	11.45	2.22	0.13	4.25	0.25	5065.68	0.45
平顶山 Pingdingshan	19.42	5.71	0.14	10.52	0.44	12220.15	0.18
安阳 Anyang	8.97	2.45	0.12	3.79	0.32	6242.83	0.41
鹤壁 Hebi	20.36	4.57	0.11	6.75	0.38	14985.11	0.22
新乡 Xinxiang	7.92	2.29	0.12	4.00	0.32	5227.15	0.44
焦作 Jiaozuo	12.93	2.37	0.09	3.29	0.27	11226.61	0.42
濮阳 Puyang	4.35	1.18	0.10	1.30	0.32	3751.68	0.85
许昌 Xuchang	7.93	1.59	0.11	2.44	0.31	6887.91	0.63
漯河 Luohe	3.98	1.05	0.10	1.12	0.42	3881.29	0.95
三门峡 Sanmenxia	19.62	3.52	0.13	5.72	0.50	4198.35	0.28
南阳 Nanyang	3.66	1.28	0.14	2.05	0.44	1384.45	0.78
商丘 Shangqiu	7.10	2.85	0.11	6.17	0.45	4822.05	0.35
信阳 Xinyang	2.96	1.01	0.14	1.67	0.57	1007.61	0.99
周口 Zhoukou	1.29	0.54	0.10	0.36	0.51	946.91	1.85
驻马店 Zhumadian	3.77	1.45	0.14	2.66	0.46	1737.48	0.69

城市名称 City	部门二氧化碳排放 / 万 t Sectoral CO_2 emissions /10^4 ton						
	农业 Agriculture	工业能源 Industrial energy	服务业 Service	工业过程 Industrial processes	城镇 Urban	农村 Rural	生活 Household
武汉 Wuhan	56.25	6475.00	413.47	381.53	100.86	39.48	140.34
黄石 Huangshi	18.86	1883.44	68.07	763.21	16.61	25.69	42.29
十堰 Shiyan	27.59	636.26	82.77	127.11	20.19	21.54	41.73
宜昌 Yichang	36.31	2157.46	119.45	376.15	29.14	46.42	75.56
襄阳 Xiangyang	92.47	1254.29	153.71	358.81	37.50	121.46	158.95
鄂州 Ezhou	8.93	1765.98	25.75	203.34	6.28	22.89	29.17
荆门 Jingmen	72.86	1116.90	79.54	445.30	19.40	76.03	95.43
孝感 Xiaogan	68.99	916.28	124.46	60.02	30.36	65.56	95.92
荆州 Jingzhou	109.65	730.85	169.44	108.23	41.33	106.34	147.67
黄冈 Huanggang	80.33	905.66	135.56	306.20	33.07	73.73	106.80
咸宁 Xianning	29.57	1123.32	83.25	215.77	20.31	5.81	26.11
随州 Suizhou	33.61	45.68	63.66	19.92	15.53	3.36	18.89

城市名称 City	部门二氧化碳排放 / 万 t Sectoral CO_2 emissions /10^4 ton				
	道路 Road	铁路 Railway	水运 Waterborne navigation	航空 Aviation	交通 Transport
武汉 Wuhan	533.89	6.86	15.01	63.91	619.67
黄石 Huangshi	136.83	1.47	2.56	0.00	140.86
十堰 Shiyan	251.09	1.53	25.86	0.00	278.49
宜昌 Yichang	351.18	3.24	18.44	3.97	376.83
襄阳 Xiangyang	271.25	3.42	22.70	2.54	299.91
鄂州 Ezhou	93.31	0.44	1.32	0.00	95.07
荆门 Jingmen	228.10	2.64	15.14	0.00	245.88
孝感 Xiaogan	214.78	3.11	10.44	0.00	228.34
荆州 Jingzhou	195.41	1.19	25.77	0.00	222.36
黄冈 Huanggang	384.40	3.75	19.31	0.00	407.46
咸宁 Xianning	240.51	1.66	14.64	0.00	256.80
随州 Suizhou	190.66	2.10	8.24	0.00	200.99

城市名称 City	二氧化碳汇总排放 / 万 t CO$_2$ emissions /10^4 ton				
	能源 Energy	工业 Industrial total	间接 Indirect	直接 Direct	总排放 Total
武汉 Wuhan	7704.73	6856.53	1356.46	8086.27	9442.73
黄石 Huangshi	2153.52	2646.66	37.65	2916.74	2954.38
十堰 Shiyan	1066.83	763.37	0.00	1193.94	1193.94
宜昌 Yichang	2765.61	2533.61	0.00	3141.76	3141.76
襄阳 Xiangyang	1959.34	1613.10	0.64	2318.15	2318.79
鄂州 Ezhou	1924.91	1969.32	0.00	2128.24	2128.24
荆门 Jingmen	1610.60	1562.19	0.00	2055.90	2055.90
孝感 Xiaogan	1433.98	976.30	0.00	1494.00	1494.00
荆州 Jingzhou	1379.98	839.08	317.80	1488.21	1806.01
黄冈 Huanggang	1635.80	1211.85	169.58	1942.00	2111.58
咸宁 Xianning	1519.06	1339.09	0.00	1734.83	1734.83
随州 Suizhou	362.84	65.60	127.57	382.76	510.32

城市名称 City	人均排放 /（t/ 人）Per capita emissions/(t/person)	单位 GDP 二氧化碳排放 /（t/ 万元）CO_2 emissions per GDP /(t/10^4 RMB)				地均排放 /（t/km^2）Per land area emissions/(t/km^2)	碳生产率 /（万元 /t）Carbon productivity/(10^4 RMB/t)
		总 GDP Gross Domestic Product	第一产业 Primary industry	第二产业 Secondary industry	第三产业 Tertiary industry		
武汉 Wuhan	8.90	0.87	0.16	1.38	0.19	11019.64	1.15
黄石 Huangshi	12.02	2.41	0.17	3.89	0.48	6446.40	0.42
十堰 Shiyan	3.53	0.92	0.18	1.20	0.71	503.90	1.09
宜昌 Yichang	7.63	0.93	0.10	1.28	0.48	1479.87	1.08
襄阳 Xiangyang	4.13	0.69	0.23	0.84	0.43	1175.38	1.46
鄂州 Ezhou	20.09	2.92	0.11	4.66	0.54	13351.58	0.34
荆门 Jingmen	7.10	1.48	0.36	2.14	0.71	1657.45	0.68
孝感 Xiaogan	3.06	1.03	0.27	1.38	0.72	1676.77	0.98
荆州 Jingzhou	3.17	1.14	0.31	1.21	0.72	1268.00	0.88
黄冈 Huanggang	3.36	1.33	0.21	1.96	0.92	1209.59	0.75
咸宁 Xianning	6.92	1.68	0.17	2.68	0.97	1779.13	0.59
随州 Suizhou	2.33	0.65	0.25	0.17	0.96	529.60	1.54

湖北 Hubei—表 4

城市名称 City	部门二氧化碳排放 / 万 t Sectoral CO_2 emissions /10^4 ton						
	农业 Agriculture	工业能源 Industrial energy	服务业 Service	工业过程 Industrial processes	城镇 Urban	农村 Rural	生活 Household
长沙 Changsha	50.19	590.84	373.42	323.01	59.87	55.39	115.26
株洲 Zhuzhou	39.98	559.90	143.79	229.94	23.05	38.79	61.84
湘潭 Xiangtan	25.51	3330.05	90.11	170.36	14.45	21.33	35.78
衡阳 Hengyang	82.91	1059.38	246.18	359.66	39.47	87.96	127.43
邵阳 Shaoyang	91.19	430.68	150.86	362.63	24.19	75.38	99.57
岳阳 Yueyang	79.42	2886.52	188.17	162.24	30.17	100.10	130.27
常德 Changde	110.68	994.69	109.23	277.48	17.54	116.10	133.64
张家界 Zhangjiajie	27.63	148.57	25.92	65.55	4.16	14.38	18.54
益阳 Yiyang	62.63	935.63	100.50	280.96	16.11	79.03	95.14
郴州 Chenzhou	47.26	1109.86	125.21	385.13	20.07	72.50	92.57
永州 Yongzhou	91.00	413.01	142.13	434.94	22.79	80.70	103.49
怀化 Huaihua	54.14	337.24	95.21	149.54	15.26	63.46	78.72
娄底 Loudi	42.64	2750.00	96.96	503.08	15.54	42.25	57.79

城市名称 City	部门二氧化碳排放 / 万 t Sectoral CO_2 emissions /10^4 ton				
	道路 Road	铁路 Railway	水运 Waterborne navigation	航空 Aviation	交通 Transport
长沙 Changsha	287.62	2.03	2.55	84.15	376.35
株洲 Zhuzhou	215.88	3.89	2.04	0.00	221.82
湘潭 Xiangtan	103.76	2.32	1.00	0.00	107.09
衡阳 Hengyang	256.19	4.98	3.36	0.00	264.52
邵阳 Shaoyang	204.24	0.89	2.96	0.00	208.09
岳阳 Yueyang	170.02	3.89	5.82	0.00	179.73
常德 Changde	194.02	2.16	4.86	1.59	202.63
张家界 Zhangjiajie	55.95	1.30	1.31	5.93	64.49
益阳 Yiyang	65.49	1.08	6.34	0.00	72.91
郴州 Chenzhou	267.32	4.30	3.25	0.00	274.88
永州 Yongzhou	231.02	1.34	3.80	0.27	236.43
怀化 Huaihua	302.96	5.51	4.65	0.77	313.89
娄底 Loudi	78.62	3.11	1.34	0.00	83.07

城市名称 City	二氧化碳汇总排放 / 万 t CO_2 emissions /10^4 ton				
	能源 Energy	工业 Industrial total	间接 Indirect	直接 Direct	总排放 Total
长沙 Changsha	1506.06	913.85	1055.20	1829.07	2884.27
株洲 Zhuzhou	1027.32	789.83	0.00	1257.25	1257.25
湘潭 Xiangtan	3588.54	3500.42	260.70	3758.90	4019.60
衡阳 Hengyang	1780.42	1419.04	397.07	2140.08	2537.16
邵阳 Shaoyang	980.38	793.30	52.51	1343.00	1395.51
岳阳 Yueyang	3464.10	3048.76	0.00	3626.34	3626.34
常德 Changde	1550.86	1272.17	91.42	1828.34	1919.76
张家界 Zhangjiajie	285.14	214.12	0.00	350.68	350.68
益阳 Yiyang	1266.81	1216.58	0.00	1547.77	1547.77
郴州 Chenzhou	1649.77	1494.99	0.00	2034.90	2034.90
永州 Yongzhou	986.06	847.95	234.84	1421.00	1655.84
怀化 Huaihua	879.21	486.77	0.00	1028.75	1028.75
娄底 Loudi	3030.46	3253.08	201.75	3533.54	3735.29

城市名称 City	人均排放 /（t/人）Per capita emissions/ (t/person)	单位 GDP 二氧化碳排放 /（t/万元）CO_2 emissions per GDP /(t/10^4 RMB)				地均排放 /（t/km^2）Per land area emissions/ (t/km^2)	碳生产率 /（万元/t）Carbon productivity/ (10^4 RMB/t)
		总 GDP Gross Domestic Product	第一产业 Primary industry	第二产业 Secondary industry	第三产业 Tertiary industry		
长沙 Changsha	3.88	0.34	0.15	0.21	0.20	2440.98	2.95
株洲 Zhuzhou	3.14	0.54	0.22	0.59	0.45	1115.38	1.86
湘潭 Xiangtan	14.24	2.36	0.18	3.75	0.31	8026.36	0.42
衡阳 Hengyang	3.46	0.98	0.21	1.22	0.49	1657.95	1.03
邵阳 Shaoyang	1.92	1.01	0.30	1.56	0.62	669.95	0.99
岳阳 Yueyang	6.44	1.26	0.25	2.11	0.33	2440.67	0.80
常德 Changde	3.29	0.71	0.31	1.03	0.28	1015.21	1.41
张家界 Zhangjiajie	2.30	0.78	0.53	2.10	0.31	368.52	1.28
益阳 Yiyang	3.51	1.14	0.25	2.13	0.33	1256.31	0.88
郴州 Chenzhou	4.30	1.01	0.24	1.36	0.56	1035.36	0.99
永州 Yongzhou	3.05	1.17	0.29	1.64	0.64	743.87	0.86
怀化 Huaihua	2.10	0.81	0.29	0.91	0.74	370.64	1.24
娄底 Loudi	9.65	2.89	0.23	5.01	0.40	4600.67	0.35

城市名称 City	部门二氧化碳排放 / 万 t Sectoral CO_2 emissions /10^4 ton						
	农业 Agriculture	工业能源 Industrial energy	服务业 Service	工业过程 Industrial processes	城镇 Urban	农村 Rural	生活 Household
广州 Guangzhou	19.10	3824.48	326.14	213.82	100.81	8.13	108.94
韶关 Shaoguan	28.15	2112.56	17.52	205.19	5.42	0.92	6.33
深圳 Shenzhen	1.43	2426.10	222.18	0.00	68.68	0.69	69.37
珠海 Zhuhai	3.89	1840.19	35.91	0.08	11.10	0.23	11.33
汕头 Shantou	6.90	1940.52	19.35	54.55	5.98	2.42	8.41
佛山 Foshan	7.88	2366.76	109.94	104.50	33.98	8.65	42.63
江门 Jiangmen	24.73	2195.10	42.35	154.29	13.09	4.51	17.60
湛江 Zhanjiang	56.08	2571.21	39.85	670.70	12.32	6.73	19.05
茂名 Maoming	27.97	1315.36	36.02	97.79	11.13	7.39	18.53
肇庆 Zhaoqing	20.43	1050.12	27.84	562.48	8.61	1.55	10.16
惠州 Huizhou	24.03	4125.08	27.73	599.20	8.57	2.77	11.34

城市名称 City	部门二氧化碳排放 / 万 t Sectoral CO_2 emissions /10^4 ton						
	农业 Agriculture	工业能源 Industrial energy	服务业 Service	工业过程 Industrial processes	城镇 Urban	农村 Rural	生活 Household
梅州 Meizhou	20.35	1812.27	27.06	735.58	8.37	1.63	10.00
汕尾 Shanwei	12.15	1430.72	26.52	0.00	8.20	1.82	10.02
河源 Heyuan	15.14	477.89	11.87	87.43	3.67	0.48	4.15
阳江 Yangjiang	21.49	1290.88	21.15	276.11	6.54	1.23	7.77
清远 Qingyuan	35.51	1541.90	12.69	1295.84	3.92	1.47	5.39
东莞 Dongguan	2.81	5429.29	121.49	36.43	37.55	3.37	40.93
中山 Zhongshan	5.04	1207.11	66.60	0.00	20.59	1.89	22.48
潮州 Chaozhou	8.93	1531.05	33.29	0.00	10.29	3.67	13.96
揭阳 Jieyang	17.31	1473.49	60.04	0.00	18.56	6.70	25.26
云浮 Yunfu	14.20	1170.27	11.10	503.16	3.43	1.92	5.36

城市名称 City	部门二氧化碳排放 / 万 t Sectoral CO_2 emissions /10^4 ton				
	道路 Road	铁路 Railway	水运 Waterborne navigation	航空 Aviation	交通 Transport
广州 Guangzhou	811.24	2.02	35.01	298.20	1146.47
韶关 Shaoguan	351.84	2.81	5.35	0.00	360.00
深圳 Shenzhen	385.77	1.30	87.50	210.32	684.89
珠海 Zhuhai	107.98	0.16	137.08	20.61	265.83
汕头 Shantou	108.91	0.32	68.20	0.00	177.44
佛山 Foshan	455.65	0.72	5.07	1.25	462.69
江门 Jiangmen	347.73	0.11	14.90	0.00	362.74
湛江 Zhanjiang	310.90	1.86	37.76	5.17	355.69
茂名 Maoming	174.81	0.99	7.24	0.00	183.04
肇庆 Zhaoqing	289.55	0.59	5.48	0.00	295.63
惠州 Huizhou	451.05	1.53	64.33	0.00	516.91

城市名称 City	部门二氧化碳排放 / 万 t Sectoral CO_2 emissions /10^4 ton				
	道路 Road	铁路 Railway	水运 Waterborne navigation	航空 Aviation	交通 Transport
梅州 Meizhou	340.17	1.75	4.29	0.94	347.15
汕尾 Shanwei	108.92	0.80	20.55	0.00	130.26
河源 Heyuan	251.69	1.65	8.31	0.00	261.64
阳江 Yangjiang	195.50	1.33	7.56	0.00	204.39
清远 Qingyuan	352.08	1.85	5.46	0.00	359.38
东莞 Dongguan	351.72	0.85	32.87	0.00	385.44
中山 Zhongshan	167.83	0.50	5.08	0.00	173.41
潮州 Chaozhou	63.67	0.61	3.77	0.00	68.05
揭阳 Jieyang	190.43	0.76	12.56	14.13	217.88
云浮 Yunfu	193.06	0.98	2.42	0.00	196.46

城市名称 City	二氧化碳汇总排放 / 万 t CO_2 emissions /10^4 ton				
	能源 Energy	工业 Industrial total	间接 Indirect	直接 Direct	总排放 Total
广州 Guangzhou	5425.14	4038.30	2445.90	5638.96	8084.86
韶关 Shaoguan	2524.56	2317.74	0.00	2729.75	2729.75
深圳 Shenzhen	3403.96	2426.10	1240.54	3403.96	4644.50
珠海 Zhuhai	2157.15	1840.27	0.00	2157.23	2157.23
汕头 Shantou	2152.62	1995.07	0.00	2207.17	2207.17
佛山 Foshan	2989.90	2471.26	2519.81	3094.40	5614.21
江门 Jiangmen	2642.53	2349.40	1187.34	2796.82	3984.16
湛江 Zhanjiang	3041.87	3241.91	308.56	3712.58	4021.14
茂名 Maoming	1580.93	1413.15	64.12	1678.72	1742.84
肇庆 Zhaoqing	1404.17	1612.60	597.76	1966.65	2564.40
惠州 Huizhou	4705.07	4724.28	904.53	5304.27	6208.80

城市名称 City	二氧化碳汇总排放 / 万 t CO$_2$ emissions /10^4 ton				
	能源 Energy	工业 Industrial total	间接 Indirect	直接 Direct	总排放 Total
梅州 Meizhou	2216.83	2547.85	0.00	2952.41	2952.41
汕尾 Shanwei	1609.67	1430.72	0.00	1609.67	1609.67
河源 Heyuan	770.70	565.32	109.86	858.13	967.99
阳江 Yangjiang	1545.68	1566.99	0.00	1821.80	1821.80
清远 Qingyuan	1954.88	2837.74	762.45	3250.72	4013.17
东莞 Dongguan	5979.95	5465.71	2111.31	6016.38	8127.69
中山 Zhongshan	1474.65	1207.11	695.22	1474.65	2169.87
潮州 Chaozhou	1655.29	1531.05	0.00	1655.29	1655.29
揭阳 Jieyang	1793.99	1473.49	114.13	1793.99	1908.12
云浮 Yunfu	1397.39	1673.43	52.26	1900.55	1952.81

城市名称 City	人均排放 /（t/人）Per capita emissions/ (t/person)	单位 GDP 二氧化碳排放 /（t/万元）CO_2 emissions per GDP /(t/10^4 RMB)				地均排放 /（t/km²）Per land area emissions/ (t/km²)	碳生产率 /（万元/t）Carbon productivity/ (10^4 RMB/t)
		总 GDP Gross Domestic Product	第一产业 Primary industry	第二产业 Secondary industry	第三产业 Tertiary industry		
广州 Guangzhou	5.99	0.45	0.08	0.71	0.12	10875.52	2.24
韶关 Shaoguan	9.31	2.37	0.19	5.38	0.67	1482.59	0.42
深圳 Shenzhen	4.08	0.27	0.20	0.34	0.09	23257.39	3.77
珠海 Zhuhai	13.20	1.07	0.09	1.83	0.31	12455.15	0.94
汕头 Shantou	3.98	1.18	0.07	2.07	0.24	10037.14	0.85
佛山 Foshan	7.56	0.70	0.06	0.51	0.19	14782.02	1.43
江门 Jiangmen	8.82	1.78	0.14	2.17	0.41	4191.65	0.56
湛江 Zhanjiang	5.55	1.69	0.12	3.57	0.39	3032.30	0.59
茂名 Maoming	2.87	0.71	0.07	1.40	0.21	1524.93	1.40
肇庆 Zhaoqing	6.32	1.30	0.07	1.63	0.47	1722.12	0.77
惠州 Huizhou	13.06	1.98	0.16	2.74	0.43	5472.24	0.51

城市名称 City	人均排放 /（t/人） Per capita emissions/ (t/person)	单位 GDP 二氧化碳排放 /（t/万元） CO_2 emissions per GDP /(t/10^4 RMB)				地均排放 /（t/km^2） Per land area emissions/ (t/km^2)	碳生产率 /（万元/t） Carbon productivity/ (10^4 RMB/t)
		总 GDP Gross Domestic Product	第一产业 Primary industry	第二产业 Secondary industry	第三产业 Tertiary industry		
梅州 Meizhou	6.80	3.08	0.11	7.24	0.89	1866.37	0.33
汕尾 Shanwei	5.33	2.11	0.10	4.10	0.53	3308.68	0.47
河源 Heyuan	3.15	1.19	0.16	1.53	0.79	618.37	0.84
阳江 Yangjiang	7.25	1.46	0.10	2.78	0.47	2289.84	0.69
清远 Qingyuan	10.47	3.14	0.18	5.85	0.62	2108.20	0.32
东莞 Dongguan	9.85	1.30	0.13	1.87	0.15	33039.41	0.77
中山 Zhongshan	6.76	0.72	0.08	0.74	0.18	12162.93	1.39
潮州 Chaozhou	6.27	1.82	0.14	3.16	0.28	5261.58	0.55
揭阳 Jieyang	3.15	1.01	0.10	1.31	0.47	3641.44	0.99
云浮 Yunfu	7.94	2.75	0.10	5.54	0.80	2508.42	0.36

城市名称 City	部门二氧化碳排放 / 万 t Sectoral CO_2 emissions /10^4 ton						
	农业 Agriculture	工业能源 Industrial energy	服务业 Service	工业过程 Industrial processes	城镇 Urban	农村 Rural	生活 Household
南宁 Nanning	34.79	928.48	65.39	731.29	20.52	2.44	22.97
柳州 Liuzhou	15.31	2233.98	48.13	261.65	15.11	0.37	15.48
桂林 Guilin	23.98	538.07	34.66	309.15	10.88	0.48	11.35
梧州 Wuzhou	5.82	125.80	20.42	20.47	6.41	0.96	7.37
北海 Beihai	8.20	570.73	8.37	2.40	2.63	1.37	4.00
防城港 Fangchenggang	3.65	1174.43	6.31	211.31	1.98	0.10	2.08
钦州 Qinzhou	15.92	3098.92	9.33	5.01	2.93	0.79	3.72
贵港 Guigang	20.41	1442.91	17.23	887.07	5.41	3.27	8.68
玉林 Yulin	13.55	588.79	42.20	541.76	13.25	2.33	15.57
百色 Baise	22.60	1557.70	10.72	322.25	3.37	0.24	3.60
贺州 Hezhou	9.04	838.10	9.03	108.83	2.83	0.26	3.09
河池 Hechi	15.13	199.48	11.23	59.03	3.53	0.18	3.70
来宾 Laibin	18.99	924.63	4.16	292.55	1.31	1.17	2.47
崇左 Chongzuo	18.86	392.40	8.26	393.31	2.59	0.83	3.42

城市名称 City	部门二氧化碳排放 / 万 t Sectoral CO_2 emissions /10^4 ton				
	道路 Road	铁路 Railway	水运 Waterborne navigation	航空 Aviation	交通 Transport
南宁 Nanning	274.93	3.90	7.01	65.77	351.61
柳州 Liuzhou	138.23	3.99	4.57	5.26	152.04
桂林 Guilin	209.72	2.33	6.29	38.40	256.74
梧州 Wuzhou	129.33	0.00	4.65	0.25	134.23
北海 Beihai	70.89	0.54	15.98	6.45	93.85
防城港 Fangchenggang	51.64	0.30	19.42	0.00	71.36
钦州 Qinzhou	106.71	1.41	9.12	0.00	117.23
贵港 Guigang	41.09	0.91	3.62	0.00	45.63
玉林 Yulin	120.73	1.22	3.10	0.00	125.05
百色 Baise	196.66	2.14	6.58	0.48	205.86
贺州 Hezhou	94.42	0.00	3.40	0.00	97.82
河池 Hechi	157.86	3.42	7.97	0.00	169.25
来宾 Laibin	55.09	1.32	3.15	0.00	59.55
崇左 Chongzuo	109.70	1.58	3.83	0.00	115.12

城市名称 City	二氧化碳汇总排放 / 万 t CO_2 emissions /10^4 ton				
	能源 Energy	工业 Industrial total	间接 Indirect	直接 Direct	总排放 Total
南宁 Nanning	1403.24	1659.77	0.00	2134.53	2134.53
柳州 Liuzhou	2464.95	2495.63	362.16	2726.60	3088.76
桂林 Guilin	864.80	847.22	211.78	1173.95	1385.73
梧州 Wuzhou	293.64	146.27	64.89	314.11	379.00
北海 Beihai	685.15	573.13	125.80	687.55	813.35
防城港 Fangchenggang	1257.83	1385.74	43.94	1469.14	1513.08
钦州 Qinzhou	3245.11	3103.93	99.14	3250.12	3349.26
贵港 Guigang	1534.86	2329.99	126.49	2421.93	2548.43
玉林 Yulin	785.16	1130.55	337.29	1326.92	1664.21
百色 Baise	1800.48	1879.95	0.00	2122.73	2122.73
贺州 Hezhou	957.08	946.93	0.00	1065.91	1065.91
河池 Hechi	398.81	258.51	0.00	457.84	457.84
来宾 Laibin	1009.81	1217.18	0.00	1302.37	1302.37
崇左 Chongzuo	538.07	785.71	308.98	931.38	1240.36

城市名称 City	人均排放 / （t/ 人）Per capita emissions/ (t/person)	单位 GDP 二氧化碳排放 / （t/ 万元）CO_2 emissions per GDP /(t/10^4 RMB)				地均排放 / （t/km^2）Per land area emissions/ (t/km^2)	碳生产率 / （万元 /t）Carbon productivity/ (10^4 RMB/t)
		总 GDP Gross Domestic Product	第一产业 Primary industry	第二产业 Secondary industry	第三产业 Tertiary industry		
南宁 Nanning	3.06	0.63	0.09	1.23	0.25	959.99	1.60
柳州 Liuzhou	7.87	1.34	0.09	1.92	0.24	1660.89	0.74
桂林 Guilin	2.79	0.71	0.07	0.94	0.41	498.30	1.40
梧州 Wuzhou	1.26	0.35	0.05	0.23	0.47	301.08	2.85
北海 Beihai	5.00	0.91	0.05	1.27	0.36	2437.38	1.10
防城港 Fangchenggang	16.48	2.44	0.05	3.93	0.40	2425.58	0.41
钦州 Qinzhou	10.44	3.55	0.08	8.13	0.35	2753.87	0.28
贵港 Guigang	5.94	2.95	0.12	6.69	0.18	2403.72	0.34
玉林 Yulin	2.92	1.15	0.05	1.78	0.30	1296.62	0.87
百色 Baise	5.90	2.17	0.13	3.67	0.72	586.37	0.46
贺州 Hezhou	5.26	2.28	0.09	5.02	0.61	906.93	0.44
河池 Hechi	1.32	0.74	0.11	1.29	0.65	136.77	1.35
来宾 Laibin	5.97	2.33	0.14	5.58	0.31	971.12	0.43
崇左 Chongzuo	6.04	1.82	0.12	2.86	0.49	715.65	0.55

城市名称 City	部门二氧化碳排放 / 万 t Sectoral CO_2 emissions /10^4 ton						
	农业 Agriculture	工业能源 Industrial energy	服务业 Service	工业过程 Industrial processes	城镇 Urban	农村 Rural	生活 Household
成都 Chengdu	22.03	4222.11	674.05	506.05	440.57	264.66	705.24
自贡 Zigong	10.32	203.17	58.22	45.50	38.06	19.79	57.84
攀枝花 Panzhihua	3.30	1750.18	39.36	87.33	25.73	0.58	26.31
泸州 Luzhou	21.41	1330.26	25.81	157.13	16.76	15.23	31.99
德阳 Deyang	13.63	692.71	90.96	301.28	59.45	47.87	107.32
绵阳 Mianyang	28.57	769.96	81.50	344.39	53.27	43.05	96.32
广元 Guangyuan	20.19	447.73	22.31	331.41	14.59	4.96	19.55
遂宁 Suining	14.61	123.39	41.75	0.00	27.29	23.62	50.91
内江 Neijiang	15.00	3407.88	40.05	217.06	26.18	16.94	43.12
乐山 Leshan	17.70	1511.70	39.86	903.11	26.05	16.12	42.17

城市名称 City	部门二氧化碳排放 / 万 t Sectoral CO_2 emissions /10^4 ton						
	农业 Agriculture	工业能源 Industrial energy	服务业 Service	工业过程 Industrial processes	城镇 Urban	农村 Rural	生活 Household
南充 Nanchong	35.59	210.72	69.78	0.00	45.61	17.51	63.12
眉山 Meishan	15.44	613.39	39.15	211.18	25.59	27.15	52.74
宜宾 Yibin	25.19	2023.07	52.34	399.50	34.21	6.06	40.27
广安 Guang'an	15.33	1649.57	34.49	435.34	22.54	13.15	35.70
达州 Dazhou	25.19	1350.77	40.77	433.59	26.65	7.31	33.95
雅安 Ya'an	6.19	210.84	19.90	112.24	13.01	1.93	14.94
巴中 Bazhong	19.05	72.29	12.56	85.74	8.21	4.17	12.38
资阳 Ziyang	23.91	361.96	29.66	7.03	19.38	10.53	29.91

城市名称 City	部门二氧化碳排放 / 万 t Sectoral CO_2 emissions /10^4 ton				
	道路 Road	铁路 Railway	水运 Waterborne navigation	航空 Aviation	交通 Transport
成都 Chengdu	557.17	3.91	0.77	393.15	954.99
自贡 Zigong	118.38	0.33	0.26	0.00	118.97
攀枝花 Panzhihua	124.59	1.45	0.25	1.35	127.64
泸州 Luzhou	262.55	0.35	0.84	7.12	270.86
德阳 Deyang	149.88	1.83	0.25	0.00	151.95
绵阳 Mianyang	235.81	1.18	0.95	13.04	250.99
广元 Guangyuan	275.11	1.84	0.86	1.77	279.58
遂宁 Suining	194.92	0.71	0.24	0.00	195.87
内江 Neijiang	162.94	1.23	0.37	0.00	164.54
乐山 Leshan	171.01	1.25	0.60	0.00	172.86

城市名称 City	部门二氧化碳排放 / 万 t Sectoral CO_2 emissions /10^4 ton				
	道路 Road	铁路 Railway	水运 Waterborne navigation	航空 Aviation	交通 Transport
南充 Nanchong	293.69	0.95	0.73	4.73	300.10
眉山 Meishan	137.82	0.44	0.29	0.00	138.55
宜宾 Yibin	139.94	1.40	0.59	6.07	148.00
广安 Guang'an	147.29	0.52	0.41	0.00	148.22
达州 Dazhou	267.67	2.79	0.99	3.10	274.55
雅安 Ya'an	199.24	0.14	0.70	0.00	200.09
巴中 Bazhong	155.58	0.00	0.72	0.00	156.31
资阳 Ziyang	157.27	0.81	0.25	0.00	158.33

城市名称 City	二氧化碳汇总排放 / 万 t CO_2 emissions /10^4 ton				
	能源 Energy	工业 Industrial total	间接 Indirect	直接 Direct	总排放 Total
成都 Chengdu	6578.42	4728.17	1965.19	7084.48	9049.67
自贡 Zigong	448.52	248.67	156.48	494.02	650.51
攀枝花 Panzhihua	1946.79	1837.51	0.00	2034.12	2034.12
泸州 Luzhou	1680.32	1487.39	14.13	1837.45	1851.58
德阳 Deyang	1056.58	993.99	0.00	1357.86	1357.86
绵阳 Mianyang	1227.34	1114.35	0.00	1571.73	1571.73
广元 Guangyuan	789.36	779.14	0.00	1120.77	1120.77
遂宁 Suining	426.54	123.39	173.12	426.54	599.66
内江 Neijiang	3670.59	3624.94	126.45	3887.66	4014.11
乐山 Leshan	1784.29	2414.81	0.00	2687.40	2687.40

城市名称 City	二氧化碳汇总排放 / 万 t CO$_2$ emissions /10^4 ton				
	能源 Energy	工业 Industrial total	间接 Indirect	直接 Direct	总排放 Total
南充 Nanchong	679.32	210.72	128.65	679.32	807.96
眉山 Meishan	859.27	824.57	309.63	1070.45	1380.08
宜宾 Yibin	2283.88	2422.57	0.00	2688.37	2688.37
广安 Guang'an	1883.31	2084.91	0.00	2318.65	2318.65
达州 Dazhou	1725.23	1784.36	129.51	2158.82	2288.33
雅安 Ya'an	45[illegible].96	323.08	0.00	564.20	564.20
巴中 Bazhong	272.59	158.03	12.76	358.33	371.09
资阳 Ziyang	603.77	368.99	152.46	610.80	763.26

城市名称 City	人均排放 /（t/人）Per capita emissions/ (t/person)	单位 GDP 二氧化碳排放 /（t/万元）CO_2 emissions per GDP /(t/10^4 RMB)				地均排放 /（t/km²）Per land area emissions/ (t/km²)	碳生产率 /（万元/t）Carbon productivity/ (10^4 RMB/t)
		总 GDP Gross Domestic Product	第一产业 Primary industry	第二产业 Secondary industry	第三产业 Tertiary industry		
成都 Chengdu	6.17	0.84	0.06	1.00	0.29	7466.11	1.19
自贡 Zigong	2.35	0.57	0.08	0.37	0.51	1484.84	1.76
攀枝花 Panzhihua	16.50	2.20	0.11	2.78	0.72	2748.44	0.45
泸州 Luzhou	4.32	1.37	0.13	1.84	0.78	1513.22	0.73
德阳 Deyang	3.87	0.85	0.07	1.10	0.49	2297.17	1.18
绵阳 Mianyang	3.29	0.92	0.11	1.30	0.57	776.24	1.08
广元 Guangyuan	4.25	1.85	0.20	2.73	1.37	687.13	0.54
遂宁 Suining	1.82	0.65	0.10	0.24	0.91	1126.75	1.53
内江 Neijiang	10.73	3.35	0.08	5.05	0.71	7452.85	0.30
乐山 Leshan	8.24	2.07	0.12	3.15	0.54	2112.24	0.48

城市名称 City	人均排放 /（t/ 人）Per capita emissions/ (t/person)	单位 GDP 二氧化碳排放 /（t/ 万元）CO_2 emissions per GDP /(t/10^4 RMB)				地均排放 /（t/km^2）Per land area emissions/ (t/km^2)	碳生产率 /（万元 /t）Carbon productivity/ (10^4 RMB/t)
		总 GDP Gross Domestic Product	第一产业 Primary industry	第二产业 Secondary industry	第三产业 Tertiary industry		
南充 Nanchong	1.27	0.53	0.11	0.28	0.84	647.56	1.88
眉山 Meishan	4.60	1.34	0.10	1.43	0.61	1932.88	0.75
宜宾 Yibin	5.99	1.76	0.12	2.72	0.48	2025.75	0.57
广安 Guang'an	7.14	2.31	0.09	4.01	0.57	3656.59	0.43
达州 Dazhou	4.11	1.69	0.09	2.71	0.78	1379.51	0.59
雅安 Ya'an	3.65	1.12	0.09	1.15	1.47	374.99	0.89
巴中 Bazhong	1.11	0.74	0.23	0.68	0.92	301.87	1.35
资阳 Ziyang	2.14	0.60	0.10	0.52	0.59	958.87	1.66

城市名称 City	部门二氧化碳排放 / 万 t Sectoral CO_2 emissions /10^4 ton						
	农业 Agriculture	工业能源 Industrial energy	服务业 Service	工业过程 Industrial processes	城镇 Urban	农村 Rural	生活 Household
贵阳 Guiyang	13.33	1030.40	1223.60	455.92	76.43	648.72	725.16
六盘水 Liupanshui	17.60	4900.27	294.27	321.88	18.38	102.15	120.53
遵义 Zunyi	60.69	1702.17	668.50	707.97	41.76	150.81	192.57
安顺 Anshun	15.27	662.24	234.34	272.09	14.64	71.47	86.11
毕节 Bijie	60.92	3109.76	354.81	400.52	22.16	20.88	43.04
铜仁 Tongren	31.95	665.44	192.24	182.98	12.01	20.61	32.62

城市名称 City	部门二氧化碳排放 / 万 t Sectoral CO_2 emissions /10^4 ton				
	道路 Road	铁路 Railway	水运 Waterborne navigation	航空 Aviation	交通 Transport
贵阳 Guiyang	155.56	3.31	0.24	55.74	214.85
六盘水 Liupanshui	86.47	2.74	0.21	0.00	89.42
遵义 Zunyi	282.22	1.98	0.77	3.29	288.25
安顺 Anshun	128.05	1.14	0.21	0.63	130.03
毕节 Bijie	183.79	1.69	0.43	0.00	185.91
铜仁 Tongren	165.06	0.24	0.57	1.35	167.21

城市名称 City	二氧化碳汇总排放 / 万 t CO_2 emissions / 10^4 ton				
	能源 Energy	工业 Industrial total	间接 Indirect	直接 Direct	总排放 Total
贵阳 Guiyang	3207.34	1486.33	887.34	3663.27	4550.61
六盘水 Liupanshui	5422.08	5222.14	0.00	5743.96	5743.96
遵义 Zunyi	2912.18	2410.14	0.00	3620.15	3620.15
安顺 Anshun	1127.99	934.33	0.00	1400.08	1400.08
毕节 Bijie	3754.44	3510.27	0.00	4154.96	4154.96
铜仁 Tongren	1089.47	848.42	0.00	1272.45	1272.45

城市名称 City	人均排放 /（t/ 人）Per capita emissions/ (t/person)	单位 GDP 二氧化碳排放 /（t/ 万元）CO_2 emissions per GDP /(t/10^4 RMB)				地均排放 /（t/km^2）Per land area emissions/ (t/km^2)	碳生产率 /（万元 /t）Carbon productivity/ (10^4 RMB/t)
		总 GDP Gross Domestic Product	第一产业 Primary industry	第二产业 Secondary industry	第三产业 Tertiary industry		
贵阳 Guiyang	9.85	1.57	0.10	1.34	0.87	5657.86	0.64
六盘水 Liupanshui	19.88	4.78	0.15	8.50	0.81	5793.79	0.21
遵义 Zunyi	5.85	1.67	0.17	2.48	1.13	1176.83	0.60
安顺 Anshun	6.05	2.24	0.14	4.50	1.20	1510.83	0.45
毕节 Bijie	6.29	2.84	0.19	6.20	0.95	1547.53	0.35
铜仁 Tongren	4.08	1.65	0.17	3.83	1.00	706.80	0.61

城市名称 City	部门二氧化碳排放 / 万 t Sectoral CO_2 emissions /10^4 ton						
	农业 Agriculture	工业能源 Industrial energy	服务业 Service	工业过程 Industrial processes	城镇 Urban	农村 Rural	生活 Household
昆明 Kunming	28.01	1879.03	263.47	771.28	10.65	127.59	138.24
曲靖 Qujing	45.82	4161.42	63.99	455.48	2.59	155.41	158.00
玉溪 Yuxi	21.56	1302.38	28.16	431.52	1.14	66.48	67.61
保山 Baoshan	22.30	194.32	24.65	185.95	1.00	43.49	44.49
昭通 Zhaotong	47.37	844.32	20.71	275.30	0.84	6.59	7.43
丽江 Lijiang	17.06	188.18	12.08	192.38	0.49	14.68	15.17
普洱 Pu'er	52.07	161.04	11.44	149.76	0.46	5.20	5.66
临沧 Lincang	38.55	138.01	10.78	54.38	0.44	6.34	6.78

城市名称 City	部门二氧化碳排放 / 万 t Sectoral CO_2 emissions /10^4 ton				
	道路 Road	铁路 Railway	水运 Waterborne navigation	航空 Aviation	交通 Transport
昆明 Kunming	264.95	3.18	0.11	133.73	401.97
曲靖 Qujing	191.79	2.51	0.14	0.00	194.44
玉溪 Yuxi	103.58	0.37	0.06	0.00	104.01
保山 Baoshan	89.94	0.00	0.06	3.18	93.19
昭通 Zhaotong	104.26	1.02	0.14	0.70	106.12
丽江 Lijiang	44.82	0.14	0.09	18.44	63.50
普洱 Pu'er	133.46	0.00	0.15	1.10	139.70
临沧 Lincang	56.10	0.00	0.07	1.07	57.23

城市名称 City	二氧化碳汇总排放 / 万 t CO_2 emissions /10^4 ton				
	能源 Energy	工业 Industrial total	间接 Indirect	直接 Direct	总排放 Total
昆明 Kunming	2710.72	2650.31	320.91	3482.00	3802.91
曲靖 Qujing	4623.67	4616.90	154.71	5079.15	5233.86
玉溪 Yuxi	1523.72	1733.89	525.72	1955.23	2480.95
保山 Baoshan	378.94	380.27	92.65	564.89	657.54
昭通 Zhaotong	1025.95	1119.62	0.00	1301.25	1301.25
丽江 Lijiang	295.99	380.55	0.00	488.36	488.36
普洱 Pu'er	369.91	310.80	0.00	519.67	519.67
临沧 Lincang	251.35	192.38	0.00	305.72	305.72

城市名称 City	人均排放 /（t/ 人）Per capita emissions (t/person)	单位 GDP 二氧化碳排放 /（t/ 万元）CO_2 emissions per GDP /(t/10^4 RMB)				地均排放 /（t/km^2）Per land area emissions/ (t/km^2)	碳生产率 /（万元 /t）Carbon productivity/ (10^4 RMB/t)
		总 GDP Gross Domestic Product	第一产业 Primary industry	第二产业 Secondary industry	第三产业 Tertiary industry		
昆明 Kunming	5.70	0.96	0.15	1.67	0.30	2064.67	1.04
曲靖 Qujing	8.66	3.21	0.15	5.55	0.53	1810.71	0.31
玉溪 Yuxi	10.50	1.99	0.17	2.46	0.32	1623.13	0.50
保山 Baoshan	2.55	1.19	0.16	1.98	0.54	334.85	0.84
昭通 Zhaotong	2.40	1.84	0.34	3.63	0.49	579.88	0.54
丽江 Lijiang	3.82	1.69	0.38	3.30	0.58	230.15	0.59
普洱 Pu'er	1.99	1.01	0.36	1.74	0.79	114.50	0.99
临沧 Lincang	1.22	0.61	0.27	1.13	0.36	129.43	1.64

城市名称 City	部门二氧化碳排放 / 万 t Sectoral CO_2 emissions /10^4 ton						
	农业 Agriculture	工业能源 Industrial energy	服务业 Service	工业过程 Industrial processes	城镇 Urban	农村 Rural	生活 Household
西安 Xi'an	8.09	1687.38	347.04	109.32	307.74	136.75	444.49
铜川 Tongchuan	3.05	1465.60	16.13	1169.51	14.31	8.80	23.11
宝鸡 Baoji	10.59	1981.56	55.56	506.10	49.27	61.83	111.10
咸阳 Xianyang	13.99	2823.90	90.16	354.26	79.95	110.07	190.01
渭南 Weinan	18.79	2999.34	68.99	385.21	61.18	93.57	154.75
延安 Yan'an	19.54	2764.26	9.94	24.14	8.81	9.45	18.26
汉中 Hanzhong	13.63	626.93	30.59	224.74	27.12	29.05	56.17
榆林 Yulin	33.89	16482.97	19.70	158.18	17.47	11.07	28.54
安康 Ankang	10.22	185.20	16.41	280.83	14.55	7.08	21.63
商洛 Shangluo	7.18	165.86	13.50	101.96	11.97	24.23	36.20

城市名称 City	部门二氧化碳排放 / 万 t Sectoral CO_2 emissions /10^4 ton				
	道路 Road	铁路 Railway	水运 Waterborne navigation	航空 Aviation	交通 Transport
西安 Xi'an	186.25	5.55	0.00	0.00	191.80
铜川 Tongchuan	50.92	1.82	0.00	0.00	52.75
宝鸡 Baoji	108.82	4.96	0.01	0.00	113.79
咸阳 Xianyang	151.19	1.83	0.01	66.76	219.79
渭南 Weinan	137.34	8.13	0.01	0.00	145.48
延安 Yan'an	194.31	4.04	0.02	0.41	198.78
汉中 Hanzhong	185.03	4.88	0.02	0.24	190.17
榆林 Yulin	324.00	5.02	0.02	2.87	331.92
安康 Ankang	161.47	4.73	0.09	0.00	166.29
商洛 Shangluo	139.14	2.99	0.03	0.00	142.16

城市名称 City	二氧化碳汇总排放 / 万 t CO_2 emissions /10^4 ton				
	能源 Energy	工业 Industrial total	间接 Indirect	直接 Direct	总排放 Total
西安 Xi'an	2678.80	1796.70	1287.43	2788.12	4075.55
铜川 Tongchuan	1560.64	2635.11	0.00	2730.15	2730.15
宝鸡 Baoji	2272.60	2487.66	0.00	2778.70	2778.70
咸阳 Xianyang	3337.85	3178.15	0.00	3692.10	3692.10
渭南 Weinan	3387.34	3384.55	0.00	3772.55	3772.55
延安 Yan'an	3010.78	2788.40	430.23	3034.92	3465.15
汉中 Hanzhong	917.49	851.67	353.84	1142.23	1496.08
榆林 Yulin	16897.02	16641.15	0.00	17055.20	17055.20
安康 Ankang	399.75	466.04	0.00	680.59	680.59
商洛 Shangluo	364.91	267.82	184.32	466.86	651.18

城市名称 City	人均排放 /（t/ 人）Per capita emissions (t/person)	单位 GDP 二氧化碳排放 /（t/ 万元）CO_2 emissions per GDP /(t/10^4 RMB)				地均排放 /（t/km^2）Per land area emissions/ (t/km^2)	碳生产率 /（万元 /t）Carbon productivity/ (10^4 RMB/t)
		总 GDP Gross Domestic Product	第一产业 Primary industry	第二产业 Secondary industry	第三产业 Tertiary industry		
西安 Xi'an	4.68	0.70	0.04	0.84	0.16	4036.40	1.43
铜川 Tongchuan	32.26	8.89	0.14	14.46	0.67	7032.85	0.11
宝鸡 Baoji	7.38	1.55	0.06	2.18	0.35	1529.95	0.64
咸阳 Xianyang	7.43	1.71	0.04	2.57	0.53	3623.62	0.58
渭南 Weinan	7.04	2.64	0.09	4.72	0.43	2872.35	0.38
延安 Yan'an	15.53	2.89	0.18	3.76	0.61	935.74	0.35
汉中 Hanzhong	4.35	1.41	0.07	1.83	0.55	549.10	0.71
榆林 Yulin	50.15	6.84	0.25	10.69	0.44	3909.32	0.15
安康 Ankang	2.57	0.90	0.11	1.12	0.75	289.17	1.11
商洛 Shangluo	2.76	1.05	0.08	0.83	0.76	337.54	0.95

城市名称 City	部门二氧化碳排放 / 万 t Sectoral CO_2 emissions /10^4 ton						
	农业 Agriculture	工业能源 Industrial energy	服务业 Service	工业过程 Industrial processes	城镇 Urban	农村 Rural	生活 Household
兰州 Lanzhou	8.14	4944.29	139.81	479.25	63.51	67.83	131.33
嘉峪关 Jiayuguan	0.25	2658.59	13.44	87.78	6.11	2.10	8.21
金昌 Jinchang	3.40	1008.49	11.48	71.61	5.22	10.10	15.32
白银 Baiyin	15.84	1542.73	17.63	194.19	8.01	40.61	48.62
天水 Tianshui	16.03	329.06	29.79	212.46	13.53	99.42	112.95
武威 Wuwei	16.73	315.61	19.93	83.54	9.05	31.68	40.73
张掖 Zhangye	12.00	455.17	15.90	96.88	7.22	46.80	54.03
平凉 Pingliang	14.43	1829.11	20.23	66.08	9.19	76.15	85.34
酒泉 Jiuquan	8.60	597.98	20.77	136.08	9.43	23.95	33.38
庆阳 Qingyang	23.50	164.68	12.71	13.11	5.77	92.71	98.49
定西 Dingxi	17.62	159.86	31.46	208.00	14.29	65.23	79.52
陇南 Longnan	16.61	158.02	12.04	162.94	5.47	35.36	40.83

城市名称 City	部门二氧化碳排放 / 万 t Sectoral CO_2 emissions /10^4 ton				
	道路 Road	铁路 Railway	水运 Waterborne navigation	航空 Aviation	交通 Transport
兰州 Lanzhou	119.70	6.10	0.00	10.19	136.00
嘉峪关 Jiayuguan	10.52	1.65	0.00	0.44	12.61
金昌 Jinchang	39.38	1.87	0.00	0.12	41.87
白银 Baiyin	82.72	4.23	0.00	0.00	86.95
天水 Tianshui	86.73	2.96	0.00	0.08	89.76
武威 Wuwei	91.97	3.88	0.00	0.00	95.85
张掖 Zhangye	84.39	4.30	0.00	0.10	88.79
平凉 Pingliang	61.53	1.32	0.00	0.00	62.85
酒泉 Jiuquan	175.99	9.57	0.00	0.48	186.04
庆阳 Qingyang	90.71	0.00	0.00	0.27	90.98
定西 Dingxi	107.59	1.94	0.00	0.00	109.53
陇南 Longnan	74.37	0.75	0.00	0.00	75.13

城市名称 City	二氧化碳汇总排放 / 万 t CO_2 emissions /10^4 ton				
	能源 Energy	工业 Industrial total	间接 Indirect	直接 Direct	总排放 Total
兰州 Lanzhou	5359.58	5423.54	911.24	5838.82	6750.06
嘉峪关 Jiayuguan	2693.09	2746.36	1048.52	2780.87	3829.39
金昌 Jinchang	1080.55	1080.09	134.59	1152.16	1286.75
白银 Baiyin	1711.76	1736.92	0.00	1905.95	1905.95
天水 Tianshui	577.59	541.52	13.21	790.05	803.26
武威 Wuwei	488.85	399.14	27.09	572.38	599.47
张掖 Zhangye	625.89	552.05	0.00	722.76	722.76
平凉 Pingliang	2011.96	1895.19	0.00	2078.03	2078.03
酒泉 Jiuquan	846.78	734.07	0.00	982.86	982.86
庆阳 Qingyang	390.36	177.78	189.65	403.46	593.11
定西 Dingxi	397.99	367.86	22.65	605.99	628.64
陇南 Longnan	302.64	320.96	0.00	465.57	465.57

城市名称 City	人均排放 / (t/人) Per capita emissions/ (t/person)	单位 GDP 二氧化碳排放 / (t/万元) CO_2 emissions per GDP /(t/10^4 RMB)				地均排放 / (t/km^2) Per land area emissions/ (t/km^2)	碳生产率 / (万元/t) Carbon productivity/ (10^4 RMB/t)
		总 GDP Gross Domestic Product	第一产业 Primary industry	第二产业 Secondary industry	第三产业 Tertiary industry		
兰州 Lanzhou	18.28	3.22	0.14	6.93	0.22	5158.23	0.31
嘉峪关 Jiayuguan	157.0[illegible]	20.15	0.06	25.31	0.34	13047.33	0.05
金昌 Jinchang	27.35	5.73	0.19	8.26	0.70	1446.44	0.17
白银 Baiyin	11.15	4.39	0.27	8.94	0.58	900.82	0.23
天水 Tianshui	2.43	1.45	0.16	2.92	0.44	562.62	0.69
武威 Wuwei	3.30	1.44	0.17	2.62	0.71	180.36	0.69
张掖 Zhangye	5.93	1.93	0.13	5.03	0.62	172.40	0.52
平凉 Pingliang	9.90	5.98	0.15	19.55	0.53	1860.37	0.17
酒泉 Jiuquan	8.81	1.80	0.11	3.63	0.78	50.67	0.55
庆阳 Qingyang	2.66	0.97	0.29	0.55	0.50	218.71	1.03
定西 Dingxi	2.26	2.06	0.23	5.53	0.87	320.59	0.49
陇南 Longnan	1.80	1.48	0.24	4.40	0.51	167.24	0.68

城市名称 City	部门二氧化碳排放 / 万 t Sectoral CO_2 emissions /10^4 ton						
	农业 Agriculture	工业能源 Industrial energy	服务业 Service	工业过程 Industrial processes	城镇 Urban	农村 Rural	生活 Household
银川 Yinchuan	3.07	10977.35	23.34	246.64	29.92	9.36	39.28
石嘴山 Shizuishan	1.74	6651.50	7.67	46.18	9.84	3.22	13.06
吴忠 Wuzhong	6.74	2918.33	12.51	206.98	16.04	18.44	34.48
固原 Guyuan	6.17	538.20	13.73	28.66	17.60	24.34	41.94
中卫 Zhongwei	4.50	992.09	5.81	242.28	7.45	14.90	22.35

城市名称 City	部门二氧化碳排放 / 万 t Sectoral CO_2 emissions /10^4 ton				
	道路 Road	铁路 Railway	水运 Waterborne navigation	航空 Aviation	交通 Transport
银川 Yinchuan	127.35	1.35	0.00	17.58	146.28
石嘴山 Shizuishan	44.07	1.33	0.00	0.00	45.41
吴忠 Wuzhong	112.84	1.09	0.00	0.00	113.93
固原 Guyuan	61.57	1.04	0.00	0.17	62.78
中卫 Zhongwei	94.33	1.95	0.00	0.29	96.57

城市名称 City	二氧化碳汇总排放 / 万 t CO_2 emissions /10^4 ton				
	能源 Energy	工业 Industrial total	间接 Indirect	直接 Direct	总排放 Total
银川 Yinchuan	11189.32	11223.99	0.00	11435.97	11435.97
石嘴山 Shizuishan	6719.37	6697.67	316.71	6765.55	7082.26
吴忠 Wuzhong	3085.99	3125.31	0.00	3292.97	3292.97
固原 Guyuan	662.82	566.86	566.45	691.49	1257.94
中卫 Zhongwei	1121.33	1234.38	424.16	1363.61	1787.77

城市名称 City	人均排放 /（t/人） Per capita emissions (t/person)	单位 GDP 二氧化碳排放 /（t/万元） CO_2 emissions per GDP /(t/10^4 RMB)				地均排放 /（t/km^2） Per land area emissions/ (t/km^2)	碳生产率 /（万元/t） Carbon productivity/ (10^4 RMB/t)
		总 GDP Gross Domestic Product	第一产业 Primary industry	第二产业 Secondary industry	第三产业 Tertiary industry		
银川 Yinchuan	52.84	7.66	0.05	14.37	0.26	12671.43	0.13
石嘴山 Shizuishan	89.88	14.68	0.07	21.71	0.36	13337.60	0.07
吴忠 Wuzhong	23.98	8.12	0.12	13.74	1.02	1965.02	0.12
固原 Guyuan	10.38	5.79	0.14	9.59	0.68	964.16	0.17
中卫 Zhongwei	15.66	5.64	0.09	8.75	0.83	1024.63	0.18

城市名称 City	部门二氧化碳排放 / 万 t Sectoral CO_2 emissions /10^4 ton						
	农业 Agriculture	工业能源 Industrial energy	服务业 Service	工业过程 Industrial processes	城镇 Urban	农村 Rural	生活 Household
海口 Haikou	0.00	10.10	4.56	0.00	6.09	0.00	6.09
三亚 Sanya	0.00	13.98	0.53	0.00	0.71	0.00	0.71
儋州 Danzhou	0.00	137.94	0.76	0.00	1.02	0.00	1.02
拉萨 Lhasa	0.00	68.49	0.00	96.31	0.00	0.00	0.00
日喀则 Shigatse	0.00	4.92	0.00	0.69	0.00	0.00	0.00
昌都 Changdu	0.02	19.76	0.00	13.02	0.00	0.00	0.00
林芝 Linzhi	0.00	0.00	0.00	0.00	0.17	0.00	0.17
西宁 Xining	5.70	1780.68	83.84	331.91	90.38	87.51	177.89
海东 Haidong	11.26	447.85	10.84	180.78	11.68	48.66	60.34
乌鲁木齐 Urumqi	6.90	4829.94	156.01	198.78	72.63	33.47	106.10
克拉玛依 Karamay	4.01	3782.99	17.17	0.00	7.99	3.64	11.63
吐鲁番 Turpan	5.24	1067.40	21.42	88.40	9.97	8.65	18.62

城市名称 City	部门二氧化碳排放 / 万 t Sectoral CO_2 emissions /10^4 ton				
	道路 Road	铁路 Railway	水运 Waterborne navigation	航空 Aviation	交通 Transport
海口 Haikou	72.66	0.11	4.84	90.01	167.63
三亚 Sanya	61.29	0.15	1.72	87.28	150.43
儋州 Danzhou	40.42	0.08	9.92	0.00	50.42
拉萨 Lhasa	0.00	0.33	0.00	0.00	0.33
日喀则 Shigatse	0.00	0.00	0.00	0.10	0.10
昌都 Changdu	2.77	0.00	0.06	0.61	3.44
林芝 Linzhi	0.00	0.00	0.00	1.06	1.06
西宁 Xining	38.74	0.68	0.00	0.00	39.42
海东 Haidong	39.00	0.43	0.00	13.64	53.07
乌鲁木齐 Urumqi	146.21	1.61	0.00	42.02	189.84
克拉玛依 Karamay	87.12	0.90	0.00	0.31	88.32
吐鲁番 Turpan	144.00	2.24	0.00	0.06	146.29

城市名称 City	二氧化碳汇总排放 / 万 t CO_2 emissions /10^4 ton				
	能源 Energy	工业 Industrial total	间接 Indirect	直接 Direct	总排放 Total
海口 Haikou	188.38	10.10	334.79	188.38	523.17
三亚 Sanya	165.65	13.98	155.57	165.65	321.22
儋州 Danzhou	190.15	137.94	0.00	190.15	190.15
拉萨 Lhasa	68.82	164.80	59.11	165.13	224.23
日喀则 Shigatse	5.03	5.62	27.96	5.72	33.68
昌都 Changdu	23.22	32.77	33.56	36.24	69.80
林芝 Linzhi	1.23	0.00	0.00	1.23	1.23
西宁 Xining	2087.53	2112.58	2425.05	2419.43	4844.48
海东 Haidong	583.36	628.63	203.45	764.14	967.59
乌鲁木齐 Urumqi	5288.79	5028.72	32.41	5487.57	5519.98
克拉玛依 Karamay	3904.12	3782.99	0.00	3904.12	3904.12
吐鲁番 Turpan	1258.99	1155.81	17.78	1347.39	1365.17

城市名称 City	人均排放 /（t/ 人）Per capita emissions (t/person)	单位 GDP 二氧化碳排放 /（t/ 万元）CO_2 emissions per GDP /(t/10^4 RMB)				地均排放 /（t/km^2）Per land area emissions/ (t/km^2)	碳生产率 /（万元 /t）Carbon productivity/ (10^4 RMB/t)
		总 GDP Gross Domestic Product	第一产业 Primary industry	第二产业 Secondary industry	第三产业 Tertiary industry		
海口 Haikou	2.35	0.45	0.00	0.05	0.20	2270.70	2.22
三亚 Sanya	4.29	0.74	0.00	0.16	0.53	1672.13	1.36
儋州 Danzhou	1.94	0.43	0.00	0.88	0.28	560.24	2.33
拉萨 Lhasa	3.47	0.60	0.00	1.17	0.00	75.97	1.68
日喀则 Shigatse	0.43	0.20	0.00	0.08	0.00	1.87	4.95
昌都 Changdu	0.89	0.53	0.00	0.51	0.06	6.33	1.89
林芝 Linzhi	0.05	0.01	0.00	0.00	0.02	0.11	84.67
西宁 Xining	24.06	4.28	0.15	3.89	0.22	6324.38	0.23
海东 Haidong	5.69	2.52	0.21	3.26	0.46	735.20	0.40
乌鲁木齐 Urumqi	15.55	2.10	0.22	6.39	0.19	4003.47	0.48
克拉玛依 Karamay	130.27	6.20	0.78	9.22	0.49	5047.34	0.16
吐鲁番 Turpan	20.94	6.54	0.11	14.72	1.99	196.08	0.15

海南、西藏、青海、新疆 Hainan, Tibet, Qinghai, Xinjiang—表 4

第二部分 甲烷排放

Part Ⅱ CH_4 Emissions

城市名称 City	水稻种植 /t Rice cultivation /ton	煤矿开采 /t Coal mining /ton	动物肠道 /t Enteric fermentation /ton	动物粪便管理 /t Manure management /ton	秸秆燃烧 /t Burning of agricultural residues /ton
北京 Beijing	2503.80	3810.94	21365.65	6525.77	509.67
天津 Tianjin	14484.60	0.00	27898.32	8010.28	1423.48
上海 Shanghai	74966.11	0.00	9448.34	8078.18	727.09
重庆 Chongqing	141425.37	757506.70	132325.08	68591.36	5970.84

城市名称 City	垃圾填埋 /t Landfills /ton	污水处理 /t Wastewater treatment /ton	总甲烷排放 / 万 t Total CH_4 emissions/10^4 ton	总甲烷排放 / 万 t 二氧化碳当量 Total CH_4 emissions /10^4 t CO_2-eq
北京 Beijing	93462.06	1726.37	12.99	363.73
天津 Tianjin	13997.04	1654.49	6.75	188.91
上海 Shanghai	98374.57	2616.89	19.42	543.79
重庆 Chongqing	40267.41	1158.14	114.72	3212.29

城市名称 City	水稻种植 /t Rice cultivation /ton	煤矿开采 /t Coal mining /ton	动物肠道 /t Enteric fermentation /ton	动物粪便管理 /t Manure management /ton	秸秆燃烧 /t Burning of agricultural residues /ton
石家庄 Shijiazhuang	491.40	65267.72	58044.43	11815.64	3559.24
唐山 Tangshan	64326.60	59208.72	57778.11	12686.05	2195.82
秦皇岛 Qinhuangdao	4843.80	0.00	21745.12	4317.50	582.59
邯郸 Handan	0.00	110220.64	49142.42	10115.61	3886.90
邢台 Xingtai	210.60	48226.55	25258.39	5504.71	3332.12
保定 Baoding	3720.60	0.00	45464.88	11198.06	4039.65
张家口 Zhangjiakou	23563.80	8495.77	53974.83	6170.70	845.37
承德 Chengde	4024.80	11066.60	55834.11	6984.41	761.00
沧州 Cangzhou	0.00	0.00	41445.14	6355.85	3184.30
廊坊 Langfang	0.00	0.00	30430.03	4202.40	1182.71
衡水 Hengshui	0.00	0.00	33593.28	6893.45	2618.48

城市名称 City	垃圾填埋 /t Landfills /ton	污水处理 /t Wastewater treatment /ton	总甲烷排放 / 万 t Total CH_4 emissions/10^4 ton	总甲烷排放 / 万 t 二氧化碳当量 Total CH_4 emissions /10^4 t CO_2-eq
石家庄 Shijiazhuang	9470.35	860.08	14.95	418.62
唐山 Tangshan	6772.87	189.96	20.32	568.84
秦皇岛 Qinhuangdao	420.00	157.77	3.21	89.79
邯郸 Handan	11049.98	188.39	18.46	516.89
邢台 Xingtai	5503.29	136.21	8.82	246.88
保定 Baoding	8905.18	260.84	7.36	206.05
张家口 Zhangjiakou	7517.35	182.49	10.08	282.10
承德 Chengde	2780.24	106.25	8.16	228.36
沧州 Cangzhou	3177.14	131.96	5.43	152.02
廊坊 Langfang	2690.77	183.08	3.87	108.33
衡水 Hengshui	1712.10	81.17	4.49	125.72

城市名称 City	水稻种植 /t Rice cultivation /ton	煤矿开采 /t Coal mining /ton	动物肠道 /t Enteric fermentation /ton	动物粪便管理 /t Manure management /ton	秸秆燃烧 /t Burning of agricultural residues /ton
太原 Taiyuan	421.20	2429237.76	5998.69	871.39	207.73
大同 Datong	70.20	18771.63	27336.96	2530.59	641.17
阳泉 Yangquan	0.00	1563365.06	1608.38	370.04	164.66
长治 Changzhi	0.00	683913.69	9107.52	1775.32	1038.49
晋城 Jincheng	0.00	1315931.47	6109.50	2684.88	639.66
朔州 Shuozhou	0.00	38660.21	26486.77	1626.68	702.00
晋中 Jinzhong	0.00	691335.69	16412.17	3044.19	1169.78
运城 Yuncheng	0.00	0.00	10312.21	3050.59	2101.68
忻州 Xinzhou	210.60	87401.41	32451.09	2109.45	908.85
临汾 Linfen	187.20	117991.57	12208.90	2384.25	1518.37
吕梁 Lvliang	0.00	220129.79	19150.05	2123.25	534.60

城市名称 City	垃圾填埋 /t Landfills /ton	污水处理 /t Wastewater treatment /ton	总甲烷排放 / 万 t Total CH_4 emissions/10^4 ton	总甲烷排放 / 万 t 二氧化碳当量 Total CH_4 emissions /10^4 t CO_2-eq
太原 Taiyuan	20496.40	386.09	245.76	6881.33
大同 Datong	629.93	92.19	5.01	140.20
阳泉 Yangquan	1980.10	49.16	156.75	4389.10
长治 Changzhi	1857.51	138.94	69.78	1953.93
晋城 Jincheng	714.88	81.80	132.62	3713.25
朔州 Shuozhou	3506.01	37.80	7.10	198.85
晋中 Jinzhong	4690.51	76.10	71.67	2006.84
运城 Yuncheng	1469.26	78.69	1.70	47.63
忻州 Xinzhou	3007.36	65.75	12.62	353.23
临汾 Linfen	6039.49	54.19	14.04	393.08
吕梁 Lvliang	6338.07	57.07	24.83	695.33

城市名称 City	水稻种植 /t Rice cultivation /ton	煤矿开采 /t Coal mining /ton	动物肠道 /t Enteric fermentation /ton	动物粪便管理 /t Manure management /ton	秸秆燃烧 /t Burning of agricultural residues /ton
呼和浩特 Hohhot	0.00	34271.44	54069.52	3398.40	975.00
包头 Baotou	0.00	9378.17	33728.91	2076.82	802.55
乌海 Wuhai	0.00	78779.60	1018.42	118.81	92.03
赤峰 Chifeng	4647.00	5859.48	133262.26	9419.79	3579.48
通辽 Tongliao	6481.80	4275.28	158446.07	14610.85	5403.31
鄂尔多斯 Ordos	23.12	94565.28	71351.27	3166.53	1128.33
呼伦贝尔 Hulunbuir	3717.60	120362.54	129559.64	6041.84	4392.79
巴彦淖尔 Bayannur	0.00	1835.05	160682.54	8164.95	1722.75
乌兰察布 Ulanqab	0.00	0.00	60929.76	3281.97	579.78

城市名称 City	垃圾填埋 /t Landfills /ton	污水处理 /t Wastewater treatment /ton	总甲烷排放 / 万 t Total CH_4 emissions/10^4 ton	总甲烷排放 / 万 t 二氧化碳当量 Total CH_4 emissions /10^4 t CO_2-eq
呼和浩特 Hohhot	3344.25	154.91	9.62	269.40
包头 Baotou	2902.40	120.95	4.90	137.23
乌海 Wuhai	1950.90	51.97	8.20	229.63
赤峰 Chifeng	4450.02	221.43	16.14	452.03
通辽 Tongliao	4180.65	79.40	19.35	541.74
鄂尔多斯 Ordos	4437.64	73.67	17.47	489.29
呼伦贝尔 Hulunbuir	2952.96	91.56	26.71	747.93
巴彦淖尔 Bayannur	2455.48	58.44	17.49	489.78
乌兰察布 Ulanqab	1247.49	177.63	6.62	185.41

城市名称 City	水稻种植 /t Rice cultivation /ton	煤矿开采 /t Coal mining /ton	动物肠道 /t Enteric fermentation /ton	动物粪便管理 /t Manure management /ton	秸秆燃烧 /t Burning of agricultural residues /ton
沈阳 Shenyang	31264.80	636010.51	71697.83	4783.57	2654.31
大连 Dalian	7862.40	0.00	22342.84	2798.47	733.55
鞍山 Anshan	9542.40	0.00	18847.55	1762.41	1028.08
抚顺 Fushun	4737.60	98364.80	8691.77	538.01	457.14
本溪 Benxi	1092.00	10133.04	8447.49	505.78	248.24
丹东 Dandong	12129.60	191.20	11333.66	987.64	743.83
锦州 Jinzhou	8013.60	329.60	36297.63	3553.20	1666.87
营口 Yingkou	12096.00	0.00	6940.67	665.89	414.39
阜新 Fuxin	1932.00	322827.74	34535.67	2247.16	1238.55
辽阳 Liaoyang	12129.60	132.93	3831.56	464.39	678.59
盘锦 Panjin	28274.40	0.00	2147.51	776.62	596.81
铁岭 Tieling	13809.60	1210.57	43212.71	3028.00	3175.44
朝阳 Chaoyang	1965.60	9841.22	77002.57	3858.86	1488.55
葫芦岛 Huludao	2049.60	8605.20	16936.73	1728.47	649.69

城市名称 City	垃圾填埋 /t Landfil s /ton	污水处理 /t Wastewater treatment /ton	总甲烷排放 / 万 t Total CH_4 emissions/10^4 ton	总甲烷排放 / 万 t 二氧化碳当量 Total CH_4 emissions /10^4 t CO_2-eq
沈阳 Shenyang	24369.62	1147.15	77.19	2161.40
大连 Dalian	7168.23	303.33	4.12	115.38
鞍山 Anshan	14225.13	107.55	4.55	127.44
抚顺 Fushun	4620.00	115.50	11.75	329.07
本溪 Benxi	2276.39	70.98	2.28	63.77
丹东 Dandong	4615.88	30.02	3.00	84.09
锦州 Jinzhou	855.36	24.67	5.07	142.07
营口 Yingkou	0.00	31.91	2.01	56.42
阜新 Fuxin	9454.76	53.62	37.23	1042.41
辽阳 Liaoyang	5544.99	13.48	2.28	63.83
盘锦 Panjin	0.25	61.15	3.19	89.20
铁岭 Tieling	1279.44	78.71	6.58	184.22
朝阳 Chaoyang	2558.60	21.57	9.67	270.86
葫芦岛 Huludao	8335.58	45.60	3.84	107.38

城市名称 City	水稻种植 /t Rice cultivation /ton	煤矿开采 /t Coal mining /ton	动物肠道 /t Enteric fermentation /ton	动物粪便管理 /t Manure management /ton	秸秆燃烧 /t Burning of agricultural residues /ton
长春 Changchun	39698.40	17143.64	123461.47	6292.75	7556.55
吉林 Jilin	39396.00	3545.59	31499.14	2541.82	3256.65
四平 Siping	15351.60	2233.88	73544.16	5380.17	6222.20
辽源 Liaoyuan	6518.40	31691.63	16273.08	636.89	1295.53
通化 Tonghua	17791.20	1589.76	24119.20	1002.36	1358.92
白山 Baishan	369.60	163878.12	7823.70	321.08	270.78
松原 Songyuan	17354.40	0.00	44131.94	2384.76	5580.69
白城 Baicheng	24225.60	158.85	21724.44	928.08	2909.08

城市名称 City	垃圾填埋 /t Landfills /ton	污水处理 /t Wastewater treatment /ton	总甲烷排放 / 万 t Total CH_4 emissions/10^4 ton	总甲烷排放 / 万 t 二氧化碳当量 Total CH_4 emissions /10^4 t CO_2-eq
长春 Changchun	13705.59	304.09	20.82	582.86
吉林 Jilin	3137.52	99.84	8.35	233.73
四平 Siping	4362.41	62.23	10.72	300.04
辽源 Liaoyuan	4243.68	3.19	6.07	169.85
通化 Tonghua	4846.84	38.55	5.07	142.09
白山 Baishan	3360.14	5.54	17.60	492.88
松原 Songyuan	2624.29	52.44	7.21	201.96
白城 Baicheng	945.13	20.91	5.09	142.55

城市名称 City	水稻种植 /t Rice cultivation /ton	煤矿开采 /t Coal mining /ton	动物肠道 /t Enteric fermentation /ton	动物粪便管理 /t Manure management /ton	秸秆燃烧 /t Burning of agricultural residues /ton
哈尔滨 Harbin	88939.20	139365.22	108628.30	24100.20	9985.64
齐齐哈尔 Qiqihar	54410.40	0.00	91976.91	19698.53	8168.66
鸡西 Jixi	47678.40	135890.41	9447.59	3004.55	2149.34
鹤岗 Hegang	47980.80	68402.15	1341.76	1191.99	721.80
双鸭山 Shuangyashan	65184.00	28585.98	7658.55	3338.29	1937.74
大庆 Daqing	9508.80	0.00	37756.42	8227.03	3664.49
伊春 Yichun	7526.40	0.00	7302.08	2026.04	589.92
佳木斯 Jiamusi	124790.40	5143.68	40896.87	13243.80	4935.15
七台河 Qitaihe	3208.80	58513.97	3416.39	1143.62	654.11
牡丹江 Mudanjiang	14616.00	2504.69	23836.00	6157.87	1979.57
黑河 Heihe	1041.60	7440.94	36411.83	6035.94	2463.86
绥化 Suihua	45628.80	0.00	113009.60	27105.27	9350.28

城市名称 City	垃圾填埋 /t Landfills /ton	污水处理 /t Wastewater treatment /ton	总甲烷排放 / 万 t Total CH_4 emissions/10^4 ton	总甲烷排放 / 万 t 二氧化碳当量 Total CH_4 emissions /10^4 t CO_2-eq
哈尔滨 Harbin	13104.82	321.75	38.44	1076.45
齐齐哈尔 Qiqihar	3483.00	11.23	17.77	497.70
鸡西 Jixi	224.85	33.11	19.84	555.60
鹤岗 Hegang	0.00	11.52	11.97	335.02
双鸭山 Shuangyashan	0.00	18.48	10.67	298.82
大庆 Daqing	2203.56	161.04	6.15	172.27
伊春 Yichun	528.00	12.38	1.80	50.36
佳木斯 Jiamusi	3825.00	38.13	19.29	540.04
七台河 Qitaihe	1356.56	0.00	6.83	191.22
牡丹江 Mudanjiang	13970.54	70.16	6.31	176.78
黑河 Heihe	710.69	19.06	5.41	151.55
绥化 Suihua	0.00	65.18	19.52	546.45

城市名称 City	水稻种植 /t Rice cultivation /ton	煤矿开采 /t Coal mining /ton	动物肠道 /t Enteric fermentation /ton	动物粪便管理 /t Manure management /ton	秸秆燃烧 /t Burning of agricultural residues /ton
南京 Nanjing	56076.44	2445.00	2200.74	2531.86	852.83
无锡 Wuxi	41941.60	0.00	1029.83	2470.97	491.98
徐州 Xuzhou	69515.79	29102.02	22324.49	16910.63	3201.64
常州 Changzhou	46271.84	0.00	999.27	2464.96	722.28
苏州 Suzhou	71936.37	0.00	2444.39	3419.68	704.74
南通 Nantong	106067.97	0.00	13770.12	14096.12	2481.43
连云港 Lianyungang	53805.36	0.00	6045.60	8054.74	2304.10
淮安 Huai'an	59901.18	0.00	5654.91	7469.47	2891.97
盐城 Yancheng	118474.85	0.00	12734.14	20583.72	4439.18
扬州 Yangzhou	90951.52	745.64	1263.01	3789.13	1946.69
镇江 Zhenjiang	44162.83	0.00	875.40	2037.83	850.59
泰州 Taizhou	95985.87	0.00	3175.16	7979.42	2077.71
宿迁 Suqian	45783.50	0.00	8586.73	7978.91	2463.63

城市名称 City	垃圾填埋 /t Landfills /ton	污水处理 /t Wastewater treatment /ton	总甲烷排放 / 万 t Total CH_4 emissions/10^4 ton	总甲烷排放 / 万 t 二氧化碳当量 Total CH_4 emissions /10^4 t CO_2-eq
南京 Nanjing	27560.27	430.69	9.21	257.87
无锡 Wuxi	9849.03	558.71	5.63	157.76
徐州 Xuzhou	6246.74	241.37	14.75	413.12
常州 Changzhou	6313.62	477.26	5.72	160.30
苏州 Suzhou	2435.82	1817.56	8.28	231.72
南通 Nantong	5946.12	392.10	14.28	399.71
连云港 Lianyungang	1033.24	84.61	7.13	199.72
淮安 Huai'an	4127.68	82.98	8.01	224.36
盐城 Yancheng	1909.26	141.20	15.83	443.19
扬州 Yangzhou	6627.02	291.70	10.56	295.72
镇江 Zhenjiang	3350.00	95.90	5.14	143.84
泰州 Taizhou	731.00	93.46	11.00	308.12
宿迁 Suqian	1123.75	101.42	6.60	184.91

城市名称 City	水稻种植 /t Rice cultivation /ton	煤矿开采 /t Coal mining /ton	动物肠道 /t Enteric fermentation /ton	动物粪便管理 /t Manure management /ton	秸秆燃烧 /t Burning of agricultural residues /ton
杭州 Hangzhou	47947.00	0.00	3659.76	7647.06	523.93
宁波 Ningbo	56618.69	0.00	2391.46	4107.76	539.35
温州 Wenzhou	29176.95	0.00	3571.21	3046.33	194.46
嘉兴 Jiaxing	60050.66	0.00	3338.59	1832.92	825.36
湖州 Huzhou	51595.33	0.00	2604.43	2823.80	473.92
绍兴 Shaoxing	44296.92	0.00	1772.35	3942.28	717.04
金华 Jinhua	48832.75	0.00	3183.22	5648.64	482.24
衢州 Quzhou	27077.58	203.68	2090.71	4450.72	569.02
舟山 Zhoushan	3839.42	0.00	213.57	391.37	26.64
台州 Taizhou	43113.21	0.00	2450.62	3266.15	451.50
丽水 Lishui	17564.14	0.00	2456.32	2482.47	390.73

城市名称 City	垃圾填埋 /t Landfills /ton	污水处理 /t Wastewater treatment /ton	总甲烷排放 / 万 t Total CH_4 emissions/10^4 ton	总甲烷排放 / 万 t 二氧化碳当量 Total CH_4 emissions /10^4 t CO_2-eq
杭州 Hangzhou	46801.05	1100.08	10.77	301.50
宁波 Ningbo	9073.70	640.44	7.34	205.44
温州 Wenzhou	6210.77	234.39	4.24	118.82
嘉兴 Jiaxing	216.86	496.00	6.68	186.93
湖州 Huzhou	0.00	181.05	5.77	161.50
绍兴 Shaoxing	7660.93	979.71	5.94	166.23
金华 Jinhua	19800.47	193.52	7.81	218.79
衢州 Quzhou	2216.85	101.03	3.67	102.79
舟山 Zhoushan	751.06	64.26	0.53	14.80
台州 Taizhou	7129.52	221.56	5.66	158.57
丽水 Lishui	7116.91	51.94	3.01	84.18

城市名称 City	水稻种植 /t Rice cultivation /ton	煤矿开采 /t Coal mining /ton	动物肠道 /t Enteric fermentation /ton	动物粪便管理 /t Manure management /ton	秸秆燃烧 /t Burning of agricultural residues /ton
合肥 Hefei	242913.56	194953.72	8706.82	7281.67	2085.58
芜湖 Wuhu	40399.02	0.00	3264.70	2285.09	918.30
蚌埠 Bengbu	7423.33	0.00	21799.67	5525.00	2350.09
淮南 Huainan	8423.65	366773.78	11293.12	4014.37	1707.87
马鞍山 Ma'anshan	19271.01	0.00	1757.12	991.17	680.65
淮北 Huaibei	1793.05	96252.33	3391.72	2112.12	893.55
铜陵 Tongling	7985.38	251.74	1139.65	1265.19	425.34
安庆 Anqing	118010.94	0.00	9010.41	7061.79	1461.66
黄山 Huangshan	19144.76	0.00	2391.19	3387.89	221.31
滁州 Chuzhou	154305.67	0.00	13504.28	8738.65	2733.12
阜阳 Fuyang	8434.83	66961.89	36758.68	13857.67	3963.04
宿州 Suzhou	2747.41	86818.47	34210.16	14428.63	3237.22
六安 Lu'an	175065.90	0.00	11452.00	7935.59	1969.35
亳州 Bozhou	454.97	3910.95	20313.51	7572.05	3293.42
池州 Chizhou	37633.57	18.17	1320.45	1953.67	475.25
宣城 Xuancheng	72719.19	0.00	3574.65	2842.52	849.69

城市名称 City	垃圾填埋 /t Landfills /ton	污水处理 /t Wastewater treatment /ton	总甲烷排放 / 万 t Total CH_4 emissions/10^4 ton	总甲烷排放 / 万 t 二氧化碳当量 Total CH_4 emissions /10^4 t CO_2-eq
合肥 Hefei	8415.83	258.04	46.46	1300.93
芜湖 Wuhu	0.00	78.29	4.69	131.45
蚌埠 Bengbu	5395.70	107.64	4.26	119.28
淮南 Huainan	2393.38	40.39	39.46	1105.01
马鞍山 Ma'anshan	4548.75	60.82	2.73	76.47
淮北 Huaibei	0.00	50.62	10.45	292.58
铜陵 Tongling	0.00	23.42	1.11	31.05
安庆 Anqing	10151.65	71.38	14.58	408.15
黄山 Huangshan	6985.14	23.87	3.22	90.03
滁州 Chuzhou	3127.92	87.61	18.25	510.99
阜阳 Fuyang	2913.50	37.67	13.29	372.21
宿州 Suzhou	4200.93	81.94	14.57	408.03
六安 Lu'an	4839.55	97.09	20.14	563.81
亳州 Bozhou	700.13	45.61	3.63	101.61
池州 Chizhou	492.14	15.47	4.19	117.34
宣城 Xuancheng	2499.70	122.76	8.26	231.30

城市名称 City	水稻种植 /t Rice cultivation /ton	煤矿开采 /t Coal mining /ton	动物肠道 /t Enteric fermentation /ton	动物粪便管理 /t Manure management /ton	秸秆燃烧 /t Burning of agricultural residues /ton
福州 Fuzhou	26996.88	4939.69	11533.55	11072.54	357.03
厦门 Xiamen	7328.10	0.00	1916.55	1636.02	29.19
莆田 Putian	17438.13	0.00	4487.15	3747.54	194.16
三明 Sanming	27255.05	7087.72	10921.28	7926.29	637.89
泉州 Quanzhou	26729.26	7486.66	14779.83	7201.41	587.97
漳州 Zhangzhou	30546.25	0.00	10891.72	9234.54	407.55
南平 Nanping	60049.77	1342.81	9880.53	12210.41	773.28
龙岩 Longyan	18808.54	20744.80	1609.25	2179.53	601.48
宁德 Ningde	24177.35	0.00	3725.45	4639.16	347.58

城市名称 City	垃圾填埋 /t Landfills /ton	污水处理 /t Wastewater treatment /ton	总甲烷排放 / 万 t Total CH_4 emissions/10^4 ton	总甲烷排放 / 万 t 二氧化碳当量 Total CH_4 emissions /10^4 t CO_2-eq
福州 Fuzhou	12531.47	476.14	6.79	190.14
厦门 Xiamen	6568.90	293.45	1.78	49.76
莆田 Putian	1627.50	111.15	2.76	77.30
三明 Sanming	4012.93	52.36	5.79	162.10
泉州 Quanzhou	5225.45	2645.85	6.47	181.04
漳州 Zhangzhou	4674.99	107.66	5.59	156.42
南平 Nanping	9930.21	38.76	9.42	263.83
龙岩 Longyan	1605.91	64.76	4.56	127.72
宁德 Ningde	2350.67	56.27	3.53	98.83

城市名称 City	水稻种植 /t Rice cultivation /ton	煤矿开采 /t Coal mining /ton	动物肠道 /t Enteric fermentation /ton	动物粪便管理 /t Manure management /ton	秸秆燃烧 /t Burning of agricultural residues /ton
南昌 Nanchang	61636.32	93071.14	13207.69	10545.23	1656.07
景德镇 Jingdezhen	20502.19	7480.60	3282.92	1908.94	458.80
萍乡 Pingxiang	13379.26	30000.30	8118.01	3966.36	406.93
九江 Jiujiang	56185.99	3077.68	5804.24	6122.95	1393.56
新余 Xinyu	18895.40	9494.56	5607.27	2561.14	403.12
鹰潭 Yingtan	16794.93	0.00	4479.43	3429.45	476.96
赣州 Ganzhou	64326.25	7209.61	43113.93	19440.73	1856.20
吉安 Ji'an	85564.76	4586.54	56656.13	14433.66	2785.54
宜春 Yichun	84089.46	38094.24	46884.18	19758.69	2904.42
抚州 Fuzhou	69853.02	0.00	15524.58	9262.03	102.55
上饶 Shangrao	97457.26	21403.04	18855.18	10705.57	2375.49

城市名称 City	垃圾填埋 /t Landfi■s /ton	污水处理 /t Wastewater treatment /ton	总甲烷排放 / 万 t Total CH_4 emissions/10^4 ton	总甲烷排放 / 万 t 二氧化碳当量 Total CH_4 emissions /10^4 t CO_2-eq
南昌 Nanchang	14485.40	191.08	19.48	545.42
景德镇 Jingdezhen	2687.50	19.67	3.63	101.75
萍乡 Pingxiang	3562.36	3.60	5.94	166.42
九江 Jiujiang	5557.38	59.33	7.82	218.96
新余 Xinyu	3720.57	37.69	4.07	114.02
鹰潭 Yingtan	500.00	9.24	2.57	71.93
赣州 Ganzhou	9560.57	66.20	14.56	407.61
吉安 Ji'an	5125.98	51.32	16.92	473.77
宜春 Yichun	7773.83	65.48	19.96	558.80
抚州 Fuzhou	3743.79	18.37	9.85	275.81
上饶 Shangrao	4835.13	93.44	15.57	436.03

城市名称 City	水稻种植 /t Rice cultivation /ton	煤矿开采 /t Coal mining /ton	动物肠道 /t Enteric fermentation /ton	动物粪便管理 /t Manure management /ton	秸秆燃烧 /t Burning of agricultural residues /ton
济南 Jinan	1599.54	40766.73	59053.42	11813.02	2032.57
青岛 Qingdao	754.69	680.47	15373.30	9329.95	2387.96
淄博 Zibo	692.02	14724.99	12652.45	3208.82	997.55
枣庄 Zaozhuang	86.42	7087.57	17805.99	6052.96	1206.18
东营 Dongying	6681.60	0.00	18537.97	3899.64	817.68
烟台 Yantai	0.00	2497.62	15611.63	11722.54	1598.20
潍坊 Weifang	1013.51	521.82	35626.98	20786.31	3239.71
济宁 Jining	12978.40	26146.46	40719.16	16703.30	3244.40
泰安 Tai'an	107.97	16502.72	42947.76	11999.66	2042.48
威海 Weihai	926.65	0.00	5401.56	4494.04	715.80
日照 Rizhao	4854.47	580.39	11037.32	6800.47	781.43
莱芜 Laiwu	0.00	6638.56	4389.01	2326.41	271.94
临沂 Linyi	4190.16	2605.74	41705.71	18106.91	3389.58
德州 Dezhou	281.47	0.00	90231.63	21757.82	4490.56
聊城 Liaocheng	0.00	0.00	36931.46	9577.32	3541.71
滨州 Binzhou	1530.27	0.00	39803.18	8073.08	2268.03
菏泽 Heze	694.00	5710.65	89766.86	20680.63	4565.98

城市名称 City	垃圾填埋 /t Landfills /ton	污水处理 /t Wastewater treatment /ton	总甲烷排放 / 万 t Total CH_4 emissions/10^4 ton	总甲烷排放 / 万 t 二氧化碳当量 Total CH_4 emissions /10^4 t CO_2-eq
济南 Jinan	12772.58	539.98	12.86	360.02
青岛 Qingdao	92953.51	650.46	12.21	341.96
淄博 Zibo	2040.00	348.02	3.47	97.06
枣庄 Zaozhuang	1699.02	143.88	3.41	95.43
东营 Dongying	2431.17	112.08	3.25	90.94
烟台 Yantai	14107.73	367.92	4.59	128.54
潍坊 Weifang	13979.42	622.56	7.58	212.21
济宁 Jining	2041.25	346.58	10.22	286.10
泰安 Tai'an	1187.50	181.50	7.50	209.91
威海 Weihai	6163.71	264.46	1.80	50.31
日照 Rizhao	5742.30	155.94	3.00	83.87
莱芜 Laiwu	2040.00	53.72	1.57	44.01
临沂 Linyi	6268.78	649.49	7.69	215.37
德州 Dezhou	3167.19	422.33	12.04	336.98
聊城 Liaocheng	2496.76	238.49	5.28	147.80
滨州 Binzhou	1666.91	160.62	5.35	149.81
菏泽 Heze	15.00	178.67	12.16	340.51

城市名称 City	水稻种植 /t Rice cultivation /ton	煤矿开采 /t Coal mining /ton	动物肠道 /t Enteric fermentation /ton	动物粪便管理 /t Manure management /ton	秸秆燃烧 /t Burning of agricultural residues /ton
郑州 Zhengzhou	5322.06	405827.66	23908.16	12241.72	1250.43
开封 Kaifeng	1593.63	0.00	61358.55	21421.33	2271.87
洛阳 Luoyang	9630.81	29815.48	60774.76	15505.51	1716.03
平顶山 Pingdingshan	444.42	18556.05	48401.04	18806.00	1534.99
安阳 Anyang	100.80	40192.55	19173.53	11767.76	2763.13
鹤壁 Hebi	0.00	20329.71	6967.96	5871.54	890.56
新乡 Xinxiang	14760.90	1228.43	42890.98	19092.41	3076.98
焦作 Jiaozuo	1336.11	82601.19	15459.40	9249.97	1495.89
濮阳 Puyang	902.31	0.00	29060.31	10387.99	1854.67
许昌 Xuchang	0.00	33808.77	31582.65	17045.22	2037.22
漯河 Luohe	0.00	0.00	14702.08	13559.27	1286.27
三门峡 Sanmenxia	0.00	32739.44	29512.80	6683.63	490.42
南阳 Nanyang	879.87	329.43	133907.49	38496.14	5192.31
商丘 Shangqiu	0.00	12320.03	81532.85	24968.25	4923.34
信阳 Xinyang	126062.36	0.00	53449.06	23003.16	3582.61
周口 Zhoukou	806.40	0.00	80309.02	35158.82	5895.67
驻马店 Zhumadian	4776.00	2171.64	110587.14	44318.89	5793.33

城市名称 City	垃圾填埋 /t Landfi ls /ton	污水处理 /t Wastewater treatment /ton	总甲烷排放 / 万 t Total CH_4 emissions/10^4 ton	总甲烷排放 / 万 t 二氧化碳当量 Total CH_4 emissions /10^4 t CO_2-eq
郑州 Zhengzhou	5410.30	456.78	45.44	1272.37
开封 Kaifeng	676.34	104.36	8.74	244.79
洛阳 Luoyang	4714.52	726.77	12.29	344.07
平顶山 Pingdingshan	3343.77	133.82	9.12	255.42
安阳 Anyang	5263.76	80.70	7.93	222.17
鹤壁 Hebi	207.38	50.87	3.43	96.09
新乡 Xinxiang	6430.05	74.12	8.76	245.15
焦作 Jiaozuo	2824.83	148.64	11.31	316.72
濮阳 Puyang	1486.46	98.14	4.38	122.61
许昌 Xuchang	2555.91	661.13	8.77	245.53
漯河 Luohe	1255.20	95.70	3.09	86.52
三门峡 Sanmenxia	1903.90	237.28	7.16	200.39
南阳 Nanyang	8887.80	154.10	18.78	525.97
商丘 Shangqiu	1907.52	109.12	12.58	352.13
信阳 Xinyang	2700.19	96.24	20.89	584.90
周口 Zhoukou	1229.41	88.81	12.35	345.77
驻马店 Zhumadian	3241.41	120.10	17.10	478.82

城市名称 City	水稻种植 /t Rice cultivation /ton	煤矿开采 /t Coal mining /ton	动物肠道 /t Enteric fermentation /ton	动物粪便管理 /t Manure management /ton	秸秆燃烧 /t Burning of agricultural residues /ton
武汉 Wuhan	69039.24	4198.63	11416.46	9088.64	951.13
黄石 Huangshi	22644.68	4552.09	5288.11	3983.51	471.68
十堰 Shiyan	17753.70	819.86	29986.19	9714.82	881.68
宜昌 Yichang	47611.95	10896.03	7183.21	13743.29	1415.66
襄阳 Xiangyang	71399.04	2086.25	19968.72	20244.06	3512.10
鄂州 Ezhou	11614.62	0.00	61863.12	24149.96	275.28
荆门 Jingmen	104165.91	3175.96	2795.78	3559.88	2163.05
孝感 Xiaogan	87593.22	0.00	16299.04	12695.74	1707.78
荆州 Jingzhou	135224.76	563.57	28520.56	14029.82	3253.72
黄冈 Huanggang	100012.06	0.00	61063.84	21816.32	2514.50
咸宁 Xianning	32464.23	1390.12	10512.26	8597.12	716.39
随州 Suizhou	32927.79	0.00	17480.16	8034.98	1046.63

城市名称 City	垃圾填埋 /t Landfil s /ton	污水处理 /t Wastewater treatment /ton	总甲烷排放 / 万 t Total CH_4 emissions/10^4 ton	总甲烷排放 / 万 t 二氧化碳当量 Total CH_4 emissions /10^4 t CO_2-eq
武汉 Wuhan	7434.37	604.34	10.27	287.65
黄石 Huangshi	1149.30	43.24	3.81	106.77
十堰 Shiyan	3800.98	116.23	6.31	176.61
宜昌 Yichang	5639.15	99.40	8.66	242.45
襄阳 Xiangyang	4997.89	181.44	12.24	342.69
鄂州 Ezhou	1289.34	37.57	9.92	277.84
荆门 Jingmen	2096.52	58.74	11.80	330.44
孝感 Xiaogan	1322.46	70.42	11.97	335.13
荆州 Jingzhou	637.77	191.51	18.24	510.78
黄冈 Huanggang	1463.86	51.45	18.69	523.38
咸宁 Xianning	2356.47	38.78	5.61	157.01
随州 Suizhou	954.45	19.36	6.05	169.30

城市名称 City	水稻种植 /t Rice cultivation /ton	煤矿开采 /t Coal mining /ton	动物肠道 /t Enteric fermentation /ton	动物粪便管理 /t Manure management /ton	秸秆燃烧 /t Burning of agricultural residues /ton
长沙 Changsha	62063.27	64403.87	17696.43	21978.75	1615.82
株洲 Zhuzhou	47222.10	15483.42	15646.72	15470.26	1182.40
湘潭 Xiangtan	35573.43	6503.87	6213.59	14584.92	961.39
衡阳 Hengyang	84377.55	45464.87	25877.21	30241.30	2346.80
邵阳 Shaoyang	86225.88	30907.85	49021.54	31578.33	2177.65
岳阳 Yueyang	93056.88	1199.77	32155.97	23995.95	2126.79
常德 Changde	138558.24	5241.76	39477.13	21903.59	2940.86
张家界 Zhangjiajie	19603.14	2554.27	10957.49	4724.45	503.61
益阳 Yiyang	83667.18	2590.10	26353.83	17934.90	1863.95
郴州 Chenzhou	41780.73	83358.69	27496.16	19116.18	1292.73
永州 Yongzhou	77593.32	5061.62	60595.14	31916.04	2106.70
怀化 Huaihua	48416.39	4631.01	38396.77	15974.70	1332.57
娄底 Loudi	45939.66	96567.31	27349.61	16672.99	1072.36

城市名称 City	垃圾填埋 /t Landfills /ton	污水处理 /t Wastewater treatment /ton	总甲烷排放 / 万 t Total CH_4 emissions/10^4 ton	总甲烷排放 / 万 t 二氧化碳当量 Total CH_4 emissions /10^4 t CO_2-eq
长沙 Changsha	13270.12	342.99	18.14	507.84
株洲 Zhuzhou	6074.30	126.06	10.12	283.37
湘潭 Xiangtan	5973.34	109.13	6.99	195.79
衡阳 Hengyang	9319.69	43.30	19.77	553.48
邵阳 Shaoyang	13901.66	74.62	21.39	598.89
岳阳 Yueyang	8489.47	82.66	16.11	451.10
常德 Changde	1208.31	63.34	20.94	586.30
张家界 Zhangjiajie	2124.41	14.29	4.05	113.35
益阳 Yiyang	1744.03	26.65	13.42	375.71
郴州 Chenzhou	6206.84	51.47	17.93	502.05
永州 Yongzhou	1903.68	40.30	17.92	501.81
怀化 Huaihua	5223.63	297.62	11.43	319.98
娄底 Loudi	2121.30	68.78	18.98	531.42

城市名称 City	水稻种植 /t Rice cultivation /ton	煤矿开采 /t Coal mining /ton	动物肠道 /t Enteric fermentation /ton	动物粪便管理 /t Manure management /ton	秸秆燃烧 /t Burning of agricultural residues /ton
广州 Guangzhou	39998.19	0.00	3472.50	3735.25	205.11
韶关 Shaoguan	47560.29	0.00	10163.38	7099.94	578.35
深圳 Shenzhen	854.16	0.00	289.72	121.92	51.23
珠海 Zhuhai	5667.33	0.00	513.37	2247.65	41.83
汕头 Shantou	8005.35	0.00	1166.75	2867.05	185.73
佛山 Foshan	14798.64	0.00	1234.10	5231.18	62.59
江门 Jiangmen	35520.00	0.00	4929.31	10848.70	551.93
湛江 Zhanjiang	26167.50	0.00	44928.94	15722.34	988.83
茂名 Maoming	30073.47	0.00	28310.10	21288.81	863.92
肇庆 Zhaoqing	36857.37	0.00	18423.65	15471.85	817.76
惠州 Huizhou	39150.96	0.00	9120.64	7355.11	298.40

城市名称 City	水稻种植 /t Rice cultivation /ton	煤矿开采 /t Coal mining /ton	动物肠道 /t Enteric fermentation /ton	动物粪便管理 /t Manure management /ton	秸秆燃烧 /t Burning of agricultural residues /ton
梅州 Meizhou	29620 53	0.00	13226.30	10674.39	732.79
汕尾 Shanwei	16417.17	0.00	8501.52	3319.24	265.35
河源 Heyuan	27728.55	0.00	11309.92	5761.89	556.74
阳江 Yangjiang	35678.79	0.00	11332.50	8726.39	409.72
清远 Qingyuan	72778.53	0.00	11760.63	9664.86	567.74
东莞 Dongguan	3698.54	0.00	149.87	398.46	27.12
中山 Zhongshan	11539.53	0.00	214.35	972.98	41.17
潮州 Chaozhou	11936.61	0.00	1642.07	2563.03	156.24
揭阳 Jieyang	15485.88	0.00	5271.17	6100.16	313.76
云浮 Yunfu	19390.98	0.00	7161.55	6963.18	622.27

城市名称 City	垃圾填埋 /t Landfills /ton	污水处理 /t Wastewater treatment /ton	总甲烷排放 / 万 t Total CH_4 emissions/10^4 ton	总甲烷排放 / 万 t 二氧化碳当量 Total CH_4 emissions /10^4 t CO_2-eq
广州 Guangzhou	42846.61	1071.37	9.13	255.72
韶关 Shaoguan	2886.50	36.19	6.83	191.31
深圳 Shenzhen	57570.07	1135.95	6.00	168.06
珠海 Zhuhai	5826.94	148.48	1.44	40.45
汕头 Shantou	7576.28	135.88	1.99	55.82
佛山 Foshan	13390.08	436.83	3.52	98.43
江门 Jiangmen	6629.18	222.35	5.87	164.36
湛江 Zhanjiang	3825.47	134.28	9.18	256.95
茂名 Maoming	719.82	35.76	8.13	227.62
肇庆 Zhaoqing	4691.29	104.19	7.64	213.83
惠州 Huizhou	3268.00	245.70	5.94	166.43

城市名称 City	垃圾填埋 /t Landfil s /ton	污水处理 /t Wastewater treatment /ton	总甲烷排放 / 万 t Total CH_4 emissions/10^4 ton	总甲烷排放 / 万 t 二氧化碳当量 Total CH_4 emissions /10^4 t CO_2-eq
梅州 Meizhou	4683.20	22.87	5.90	165.09
汕尾 Shanwei	885.80	28.28	2.94	82.37
河源 Heyuan	2737.39	38.52	4.81	134.77
阳江 Yangjiang	679.12	71.20	5.69	159.31
清远 Qingyuan	4483.93	30.84	9.93	278.00
东莞 Dongguan	13394.82	508.98	1.82	50.90
中山 Zhongshan	4035.64	217.84	1.70	47.66
潮州 Chaozhou	16473.46	33.11	3.28	91.85
揭阳 Jieyang	5916.58	36.48	3.31	92.75
云浮 Yunfu	1886.86	77.74	3.61	101.09

城市名称 City	水稻种植 /t Rice cultivation /ton	煤矿开采 /t Coal mining /ton	动物肠道 /t Enteric fermentation /ton	动物粪便管理 /t Manure management /ton	秸秆燃烧 /t Burning of agricultural residues /ton
南宁 Nanning	67715.58	450.30	53013.45	25519.07	1390.98
柳州 Liuzhou	21047.18	0.00	25384.77	8675.75	466.44
桂林 Guilin	66601.86	0.00	41044.98	19851.15	1229.29
梧州 Wuzhou	18355.20	0.00	4049.55	5996.65	495.75
北海 Beihai	20152.50	0.00	7443.01	4782.22	27.45
防城港 Fangchenggang	3291.75	0.00	6652.83	2207.32	123.40
钦州 Qinzhou	19505.25	139.70	19317.90	7416.54	610.09
贵港 Guigang	46993.29	0.00	19971.65	16171.43	882.71
玉林 Yulin	38834.61	0.00	21361.75	35025.75	1074.01
百色 Baise	46322.70	10355.36	52420.11	14018.80	617.57
贺州 Hezhou	27186.96	0.00	22845.62	8086.77	573.44
河池 Hechi	39055.93	4444.54	48174.00	12426.54	648.81
来宾 Laibin	46909.74	2740.18	33276.26	7571.39	483.11
崇左 Chongzuo	38388.90	508.38	21473.02	7220.28	311.66

城市名称 City	垃圾填埋 /t Landfills /ton	污水处理 /t Wastewater treatment /ton	总甲烷排放 / 万 t Total CH_4 emissions/10^4 ton	总甲烷排放 / 万 t 二氧化碳当量 Total CH_4 emissions /10^4 t CO_2-eq
南宁 Nanning	17849.17	207.59	16.61	465.21
柳州 Liuzhou	10319.99	124.84	6.60	184.85
桂林 Guilin	1875.84	127.09	13.07	366.05
梧州 Wuzhou	1125.42	26.39	3.00	84.14
北海 Beihai	2505.60	50.32	3.50	97.89
防城港 Fangchenggang	956.41	13.35	1.32	37.09
钦州 Qinzhou	1421.33	18.34	4.84	135.60
贵港 Guigang	1847.26	25.14	8.59	240.50
玉林 Yulin	2571.52	58.36	9.89	276.99
百色 Baise	1231.26	19.71	12.50	349.96
贺州 Hezhou	29633.79	11.50	8.83	247.35
河池 Hechi	751.27	18.52	10.55	295.45
来宾 Laibin	316.79	12.83	9.13	255.67
崇左 Chongzuo	478.79	6.05	6.84	191.48

城市名称 City	水稻种植 /t Rice cultivation /ton	煤矿开采 /t Coal mining /ton	动物肠道 /t Enteric fermentation /ton	动物粪便管理 /t Manure management /ton	秸秆燃烧 /t Burning of agricultural residues /ton
成都 Chengdu	78722.90	23871.93	14101.97	18547.76	1449.39
自贡 Zigong	7678.12	0.00	11728.68	6292.37	859.91
攀枝花 Panzhihua	4234.57	15775.88	11655.64	2511.43	429.70
泸州 Luzhou	37026.95	159394.55	28968.40	12342.86	1091.84
德阳 Deyang	33757.24	416.61	17738.45	10400.23	1135.27
绵阳 Mianyang	29384.24	337.55	40843.44	12256.12	1260.28
广元 Guangyuan	26888.67	25853.06	26602.91	11143.06	868.52
遂宁 Suining	9498.92	0.00	12726.03	9846.75	885.51
内江 Neijiang	17445.26	65613.39	12608.52	10314.73	891.09
乐山 Leshan	22617.98	145949.73	11573.70	8764.11	808.55
南充 Nanchong	40256.58	0.00	43789.65	20114.32	1499.65

城市名称 City	水稻种植 /t Rice cultivation /ton	煤矿开采 /t Coal mining /ton	动物肠道 /t Enteric fermentation /ton	动物粪便管理 /t Manure management /ton	秸秆燃烧 /t Burning of agricultural residues /ton
眉山 Meishan	22623.59	35607.76	14481.18	9166.31	1013.74
宜宾 Yibin	26700.71	314007.29	30460.16	14901.31	1178.14
广安 Guang'an	27076.54	115923.80	16060.00	13713.10	1121.25
达州 Dazhou	56331.64	48339.12	68117.29	17966.00	1504.31
雅安 Ya'an	7802.07	41070.42	13098.02	4245.86	528.08
巴中 Bazhong	35214.25	2887.83	45636.94	11486.63	882.16
资阳 Ziyang	20149.18	8190.84	18303.28	12570.41	1156.27

城市名称 City	垃圾填埋 /t Landfills /ton	污水处理 /t Wastewater treatment /ton	总甲烷排放 / 万 t Total CH_4 emissions/10^4 ton	总甲烷排放 / 万 t 二氧化碳当量 Total CH_4 emissions /10^4 t CO_2-eq
成都 Chengdu	32917.21	821.66	17.04	477.21
自贡 Zigong	265.00	66.21	2.69	75.29
攀枝花 Panzhihua	3135.80	26.90	3.78	105.76
泸州 Luzhou	4014.44	58.63	24.29	680.11
德阳 Deyang	3194.58	88.19	6.67	186.85
绵阳 Mianyang	3172.97	106.08	8.74	244.61
广元 Guangyuan	2938.91	48.46	9.43	264.16
遂宁 Suining	2207.05	68.01	3.52	98.65
内江 Neijiang	1669.64	9.59	10.86	303.95
乐山 Leshan	5797.27	69.57	19.56	547.63
南充 Nanchong	4548.16	118.80	11.03	308.92

城市名称 City	垃圾填埋 /t Landfil s /ton	污水处理 /t Wastewater treatment /ton	总甲烷排放 / 万 t Total CH_4 emissions/10^4 ton	总甲烷排放 / 万 t 二氧化碳当量 Total CH_4 emissions /10^4 t CO_2-eq
眉山 Meishan	2233.74	5.03	8.51	238.37
宜宾 Yibin	2484.55	85.10	38.98	1091.49
广安 Guang'an	12675.00	24.97	18.66	522.47
达州 Dazhou	1894.86	52.18	19.42	543.78
雅安 Ya'an	1701.84	12.67	6.85	191.69
巴中 Bazhong	1341.60	50.51	9.75	273.00
资阳 Ziyang	3005.39	47.65	6.34	177.58

城市名称 City	水稻种植 /t Rice cultivation /ton	煤矿开采 /t Coal mining /ton	动物肠道 /t Enteric fermentation /ton	动物粪便管理 /t Manure management /ton	秸秆燃烧 /t Burning of agricultural residues /ton
贵阳 Guiyang	9716.35	776847.47	21765.98	4563.65	371.17
六盘水 Liupanshui	9297.71	1032182.11	26240.93	5520.74	424.05
遵义 Zunyi	16985.31	213967.96	72371.61	17090.36	1530.00
安顺 Anshun	17348.92	89794.83	30558.67	6170.21	399.97
毕节 Bijie	4749.67	1168527.95	67298.00	16036.33	1191.46
铜仁 Tongren	14869.83	3666.39	48168.21	10418.36	751.77

城市名称 City	垃圾填埋 /t Landfills /ton	污水处理 /t Wastewater treatment /ton	总甲烷排放 / 万 t Total CH_4 emissions/10^4 ton	总甲烷排放 / 万 t 二氧化碳当量 Total CH_4 emissions /10^4 t CO_2-eq
贵阳 Guiyang	13923.84	142.01	82.73	2316.53
六盘水 Liupanshui	2283.68	10.77	107.60	3012.70
遵义 Zunyi	4540.57	115.09	32.66	914.48
安顺 Anshun	926.15	18.30	14.52	406.61
毕节 Bijie	4533.23	54.22	126.24	3534.69
铜仁 Tongren	1219.01	16.22	7.91	221.51

城市名称 City	水稻种植 /t Rice cultivation /ton	煤矿开采 /t Coal mining /ton	动物肠道 /t Enteric fermentation /ton	动物粪便管理 /t Manure management /ton	秸秆燃烧 /t Burning of agricultural residues /ton
昆明 Kunming	21484.24	37274.70	38225.31	8524.85	638.34
曲靖 Qujing	32562.21	328816.82	99707.47	26717.32	1326.88
玉溪 Yuxi	12852.82	4133.94	16746.31	5043.56	320.01
保山 Baoshan	16323.56	886.78	43034.53	10766.39	700.64
昭通 Zhaotong	12032.52	67524.85	36715.49	11609.17	1072.53
丽江 Lijiang	11047.22	15168.47	29833.66	4772.31	276.92
普洱 Pu'er	8822.86	1874.24	35332.04	7921.18	975.90
临沧 Lincang	6524.39	1695.18	41255.20	9389.00	738.36

城市名称 City	垃圾填埋 /t Landfills /ton	污水处理 /t Wastewater treatment /ton	总甲烷排放 / 万 t Total CH_4 emissions/10^4 ton	总甲烷排放 / 万 t 二氧化碳当量 Total CH_4 emissions /10^4 t CO_2-eq
昆明 Kunming	14001.06	398.95	12.05	337.53
曲靖 Qujing	767.46	85.89	49.00	1371.96
玉溪 Yuxi	2591.90	50.60	4.17	116.87
保山 Baoshan	1592.01	18.93	7.33	205.30
昭通 Zhaotong	1484.33	28.28	13.05	365.31
丽江 Lijiang	550.67	14.51	6.17	172.66
普洱 Pu'er	717.06	15.33	5.57	155.84
临沧 Lincang	934.02	6.62	6.05	169.52

城市名称 City	水稻种植 /t Rice cultivation /ton	煤矿开采 /t Coal mining /ton	动物肠道 /t Enteric fermentation /ton	动物粪便管理 /t Manure management /ton	秸秆燃烧 /t Burning of agricultural residues /ton
西安 Xi'an	3005.60	30244.40	10249.17	1302.85	1301.29
铜川 Tongchuan	0.00	145035.10	3549.46	224.58	260.85
宝鸡 Baoji	462.40	11565.70	23931.70	2008.67	1075.97
咸阳 Xianyang	69.36	272437.02	25630.23	2771.27	1439.34
渭南 Weinan	2520.08	217667.98	18427.20	2550.19	1644.24
延安 Yan'an	161.84	146258.12	9731.16	999.90	470.54
汉中 Hanzhong	81659.84	1097.21	15601.45	2965.15	760.08
榆林 Yulin	3491.12	79424.49	41184.26	2309.85	649.40
安康 Ankang	22981.28	1097.75	16798.53	2683.21	573.61
商洛 Shangluo	32599.75	595.06	7857.37	1231.30	384.35

城市名称 City	垃圾填埋 /t Landfills /ton	污水处理 /t Wastewater treatment /ton	总甲烷排放 / 万 t Total CH_4 emissions/10^4 ton	总甲烷排放 / 万 t 二氧化碳当量 Total CH_4 emissions /10^4 t CO_2-eq
西安 Xi'an	30066.30	602.64	7.68	214.96
铜川 Tongchuan	1937.82	28.96	15.10	422.90
宝鸡 Baoji	3805.78	76.94	4.29	120.20
咸阳 Xianyang	4647.55	156.83	30.72	860.02
渭南 Weinan	5512.52	89.63	24.84	695.55
延安 Yan'an	2016.27	53.22	15.97	447.13
汉中 Hanzhong	3911.70	75.60	10.61	297.00
榆林 Yulin	6323.38	34.26	13.34	373.57
安康 Ankang	31818.04	10.10	7.60	212.70
商洛 Shangluo	753.03	21.44	4.34	121.64

城市名称 City	水稻种植 /t Rice cultivation /ton	煤矿开采 /t Coal mining /ton	动物肠道 /t Enteric fermentation /ton	动物粪便管理 /t Manure management /ton	秸秆燃烧 /t Burning of agricultural residues /ton
兰州 Lanzhou	0.00	9773.17	8436.16	743.59	303.47
嘉峪关 Jiayuguan	0.00	0.00	749.11	54.86	69.15
金昌 Jinchang	0.00	4470.12	9738.50	415.36	264.37
白银 Baiyin	1179.12	15945.68	19796.65	1452.12	586.34
天水 Tianshui	23.12	0.00	22537.46	1632.21	837.95
武威 Wuwei	0.00	4205.22	61632.61	3270.75	741.68
张掖 Zhangye	0.00	4804.10	61897.81	2837.11	860.25
平凉 Pingliang	0.00	12547.37	47600.47	1985.61	740.25
酒泉 Jiuquan	0.00	2298.88	38246.16	1588.14	326.24
庆阳 Qingyang	115.60	0.00	37572.93	1714.30	1039.42
定西 Dingxi	0.00	0.00	26459.69	1911.67	1080.11
陇南 Longnan	2080.80	1803.92	25162.99	1856.98	694.77

城市名称 City	垃圾填埋 /t Landfills /ton	污水处理 /t Wastewater treatment /ton	总甲烷排放 / 万 t Total CH_4 emissions/10^4 ton	总甲烷排放 / 万 t 二氧化碳当量 Total CH_4 emissions /10^4 t CO_2-eq
兰州 Lanzhou	14697.98	124.68	3.41	95.42
嘉峪关 Jiayuguan	1627.36	2.21	0.25	7.01
金昌 Jinchang	1161.06	17.78	1.61	44.99
白银 Baiyin	2324.36	14.83	4.13	115.64
天水 Tianshui	1917.41	13.80	2.70	75.49
武威 Wuwei	2552.99	5.08	7.24	202.74
张掖 Zhangye	1011.55	20.60	7.14	200.01
平凉 Pingliang	2196.36	11.08	6.51	182.23
酒泉 Jiuquan	1660.34	27.08	4.41	123.61
庆阳 Qingyang	1548.67	26.23	4.20	117.65
定西 Dingxi	1226.78	30.87	3.07	85.99
陇南 Longnan	1824.72	6.88	3.34	93.61

城市名称 City	水稻种植 /t Rice cultivation /ton	煤矿开采 /t Coal mining /ton	动物肠道 /t Enteric fermentation /ton	动物粪便管理 /t Manure management /ton	秸秆燃烧 /t Burning of agricultural residues /ton
银川 Yinchuan	41916.56	185432.88	19926.09	1009.80	542.43
石嘴山 Shizuishan	28900.00	10402.84	9858.42	439.38	321.12
吴忠 Wuzhong	24460.96	1202.99	40115.38	1777.53	648.18
固原 Guyuan	0.00	1084.96	41632.29	1871.93	527.93
中卫 Zhongwei	15721.60	0.00	19394.68	1031.86	466.56

城市名称 City	垃圾填埋 /t Landfills /ton	污水处理 /t Wastewater treatment /ton	总甲烷排放 / 万 t Total CH_4 emissions/10^4 ton	总甲烷排放 / 万 t 二氧化碳当量 Total CH_4 emissions /10^4 t CO_2-eq
银川 Yinchuan	4423.85	109.27	25.34	709.41
石嘴山 Shizuishan	705.04	21.72	5.06	141.82
吴忠 Wuzhong	2841.35	61.60	7.11	199.10
固原 Guyuan	1599.80	8.63	4.67	130.83
中卫 Zhongwei	1796.61	7.63	3.84	107.57

城市名称 City	水稻种植 /t Rice cultivation /ton	煤矿开采 /t Coal mining /ton	动物肠道 /t Enteric fermentation /ton	动物粪便管理 /t Manure management /ton	秸秆燃烧 /t Burning of agricultural residues /ton
海口 Haikou	5191.47	0.00	5109.04	2806.25	95.44
三亚 Sanya	1635.27	0.00	1969.87	902.28	26.99
儋州 Danzhou	4951.92	0.00	8302.27	4263.68	118.92
拉萨 Lhasa	0.00	0.00	62436.80	3002.20	90.24
日喀则 Shigatse	0.00	0.00	101818.20	5195.46	143.76
昌都 Changdu	0.00	0.00	125351.38	5805.23	84.82
林芝 Linzhi	1162.86	0.00	29055.42	2312.29	66.85
西宁 Xining	0.00	0.00	30118.20	1451.95	232.35
海东 Haidong	0.00	0.00	28332.60	1829.17	371.66
乌鲁木齐 Urumqi	2658.80	128379.95	9058.97	545.45	60.48
克拉玛依 Karamay	0.00	670.86	945.65	170.87	84.66
吐鲁番 Turpan	0.00	3719.08	8454.66	377.47	101.58

城市名称 City	垃圾填埋 /t Landfil s /ton	污水处理 /t Wastewater treatment /ton	总甲烷排放 / 万 t Total CH_4 emissions/10^4 ton	总甲烷排放 / 万 t 二氧化碳当量 Total CH_4 emissions /10^4 t CO_2-eq
海口 Haikou	0.00	72.39	1.33	37.17
三亚 Sanya	2166.72	112.58	0.68	19.08
儋州 Danzhou	654.37	3.86	1.83	51.23
拉萨 Lhasa	2076.26	0.00	6.76	189.30
日喀则 Shigatse	761.08	15.25	10.79	302.21
昌都 Changdu	455.80	0.00	13.17	368.75
林芝 Linzhi	378.21	0.00	3.30	92.33
西宁 Xining	10469.55	28.21	4.23	118.44
海东 Haidong	2493.49	117.51	3.31	92.80
乌鲁木齐 Urumqi	1021.48	244.64	14.20	397.52
克拉玛依 Karamay	792.65	0.00	0.27	7.46
吐鲁番 Turpan	1665.01	0.00	1.43	40.09

第三部分 氧化亚氮排放

Part Ⅲ N_2O Emissions

城市名称 City	己二酸生产 /t Adipic acid /ton	硝酸生产 /t Nitric acid /ton	动物粪便管理 /t Manure management/ton	农地 /t Agricultural lands /ton	总氧化亚氮排放 /t Total N_2O emissions / ton	总氧化亚氮排放 / 万 t 二氧化碳当量 Total N_2O emissions/ 10^4 t CO_2-eq
北京 Beijing	0.00	2.40	853.47	1048.03	1903.90	50.45
天津 Tianjin	0.00	0.00	1075.79	1599.72	2675.51	70.90
上海 Shanghai	0.00	501.13	474.03	1386.30	2361.46	62.58
重庆 Chongqing	41198.14	954.49	4638.80	12438.21	59229.65	1569.59

城市名称 City	己二酸生产 /t Adipic acid /ton	硝酸生产 /t Nitric acid /ton	动物粪便管理 /t Manure management/ton	农地 /t Agricultural lands /ton	总氧化亚氮排放 /t Total N_2O emissions /ton	总氧化亚氮排放 / 万 t 二氧化碳当量 Total N_2O emissions / 10^4 t CO_2-eq
石家庄 Shijiazhuang	0.00	1242.26	2047.90	3616.74	6906.89	183.03
唐山 Tangshan	43950.00	501.13	1742.06	2616.57	48809.75	1293.46
秦皇岛 Qinhuangdao	0.00	0.00	622.83	927.32	1550.15	41.08
邯郸 Handan	0.00	0.00	1670.51	3122.85	4793.36	127.02
邢台 Xingtai	0.00	501.45	905.11	2135.74	3542.29	93.87
保定 Baoding	0.00	0.00	1501.42	3252.58	4754.00	125.98
张家口 Zhangjiakou	0.00	0.00	1148.57	1031.16	2179.73	57.76
承德 Chengde	0.00	0.00	1277.64	1075.04	2352.68	62.35
沧州 Cangzhou	0.00	501.13	1141.57	2182.50	3825.20	101.37
廊坊 Langfang	0.00	0.00	732.95	1303.03	2035.98	53.95
衡水 Hengshui	0.00	0.00	1033.19	1720.80	2753.99	72.98

城市名称 City	己二酸生产 /t Adipic acid /ton	硝酸生产 /t Nitric acid /ton	动物粪便管理 /t Manure management/ton	农地 /t Agricultural lands /ton	总氧化亚氮排放 /t Total N_2O emissions / ton	总氧化亚氮排放 / 万 t 二氧化碳当量 Total N_2O emissions / 10^4 t CO_2-eq
太原 Taiyuan	0.00	320.00	142.36	201.99	664.35	17.61
大同 Datong	0.00	0.00	493.64	660.00	1153.64	30.57
阳泉 Yangquan	0.00	0.00	56.10	106.74	162.85	4.32
长治 Changzhi	0.00	501.13	284.24	693.03	1478.40	39.18
晋城 Jincheng	0.00	0.00	294.41	438.46	732.87	19.42
朔州 Shuozhou	0.00	0.00	413.14	531.33	944.47	25.03
晋中 Jinzhong	0.00	0.00	469.61	655.03	1124.64	29.80
运城 Yuncheng	0.00	202.58	465.56	1387.79	2055.92	54.48
忻州 Xinzhou	0.00	0.00	516.95	830.01	1346.96	35.69
临汾 Linfen	0.00	0.00	354.81	925.31	1280.11	33.92
吕梁 Lvliang	0.00	0.09	438.47	594.38	1032.94	27.37

城市名称 City	己二酸生产 /t Adipic acid /ton	硝酸生产 /t Nitric acid /ton	动物粪便管理 /t Manure management/ton	农地 /t Agricultural lands /ton	总氧化亚氮排放 /t Total N_2O emissions / ton	总氧化亚氮排放 / 万 t 二氧化碳当量 Total N_2O emissions / 10^4 t CO_2-eq
呼和浩特 Hohhot	0.00	0.00	839.34	857.07	1696.41	44.95
包头 Baotou	0.00	0.00	514.83	579.18	1094.01	28.99
乌海 Wuhai	0.00	0.00	20.43	26.48	46.91	1.24
赤峰 Chifeng	0.00	0.00	2250.28	2579.54	4829.83	127.99
通辽 Tongliao	0.00	0.00	2745.98	4038.80	6784.78	179.80
鄂尔多斯 Ordos	0.00	0.00	955.45	1044.65	2000.11	53.00
呼伦贝尔 Hulunbuir	0.00	0.00	1813.11	1994.53	3807.64	100.90
巴彦淖尔 Bayannur	0.00	501.13	2294.41	2007.19	4802.73	127.27
乌兰察布 Ulanqab	0.00	0.00	872.48	876.43	1748.92	46.35

城市名称 City	己二酸生产 /t Adipic acid /ton	硝酸生产 /t Nitric acid /ton	动物粪便管理 /t Manure management/ton	农地 /t Agricultural lands /ton	总氧化亚氮排放 /t Total N_2O emissions / ton	总氧化亚氮排放 / 万 t 二氧化碳当量 Total N_2O emissions / 10^4 t CO_2-eq
沈阳 Shenyang	0.00	2.08	2142.90	3238.95	5383.93	142.67
大连 Dalian	0.00	299.30	1154.10	2198.48	3651.89	96.77
鞍山 Anshan	0.00	0.00	724.99	1494.98	2219.98	58.83
抚顺 Fushun	0.00	0.00	231.69	494.22	725.91	19.24
本溪 Benxi	0.00	0.00	199.86	307.02	506.87	13.43
丹东 Dandong	0.00	0.00	369.30	1045.41	1414.71	37.49
锦州 Jinzhou	0.00	0.00	1367.23	2441.38	3808.61	100.93
营口 Yingkou	0.00	0.00	261.91	770.40	1032.31	27.36
阜新 Fuxin	0.00	0.00	825.69	2083.00	2908.69	77.08
辽阳 Liaoyang	629.36	0.00	159.96	602.60	1391.92	36.89
盘锦 Panjin	0.00	0.00	233.65	624.47	858.13	22.74
铁岭 Tieling	0.00	0.00	1121.11	2353.46	3474.58	92.08
朝阳 Chaoyang	0.00	0.00	1741.34	2422.89	4164.23	110.35
葫芦岛 Huludao	0.00	0.00	559.45	1210.23	1769.68	46.90

城市名称 City	己二酸生产 /t Adipic acid /ton	硝酸生产 /t Nitric acid /ton	动物粪便管理 /t Manure management/ton	农地 /t Agricultural lands /ton	总氧化亚氮排放 /t Total N_2O emissions / ton	总氧化亚氮排放 / 万 t 二氧化碳当量 Total N_2O emissions / 10^4 t CO_2-eq
长春 Changchun	0.00	0.00	2932.28	6755.02	9687.31	256.71
吉林 Jilin	0.00	960.91	887.02	3329.48	5177.41	137.20
四平 Siping	0.00	0.00	1919.78	4552.62	6472.40	171.52
辽源 Liaoyuan	0.00	0.00	288.16	1085.92	1374.08	36.41
通化 Tonghua	0.00	0.00	453.07	1713.32	2166.39	57.41
白山 Baishan	0.00	0.00	139.93	269.03	408.97	10.84
松原 Songyuan	0.00	0.00	894.80	1186.61	2081.41	55.16
白城 Baicheng	0.00	0.00	350.33	2636.77	2987.10	79.16

城市名称 City	己二酸生产 /t Adipic acid /ton	硝酸生产 /t Nitric acid /ton	动物粪便管理 /t Manure management/ton	农地 /t Agricultural lands /ton	总氧化亚氮排放 /t Total N_2O emissions / ton	总氧化亚氮排放 / 万 t 二氧化碳当量 Total N_2O emissions / 10^4 t CO_2-eq
哈尔滨 Harbin	0.00	0.00	2266.73	5647.98	7914.71	209.74
齐齐哈尔 Qiqihar	0.00	0.00	1768.91	3812.08	5580.99	147.90
鸡西 Jixi	0.00	0.00	240.12	770.83	1010.95	26.79
鹤岗 Hegang	0.00	0.00	75.44	363.78	439.21	11.64
双鸭山 Shuangyashan	0.00	0.00	237.76	743.59	981.35	26.01
大庆 Daqing	0.00	0.00	741.28	1830.96	2572.24	68.16
伊春 Yichun	0.00	0.00	183.78	296.80	480.58	12.74
佳木斯 Jiamusi	0.00	0.00	1011.96	2563.76	3575.72	94.76
七台河 Qitaihe	0.00	0.00	91.48	496.16	587.63	15.57
牡丹江 Mudanjiang	0.00	0.00	509.40	1219.63	1729.03	45.82
黑河 Heihe	0.00	0.00	567.26	1135.52	1702.78	45.12
绥化 Suihua	0.00	0.00	2412.95	4763.43	7176.38	190.17

城市名称 City	己二酸生产 /t Adipic acic /ton	硝酸生产 /t Nitric acid /ton	动物粪便管理 /t Manure management/ton	农地 /t Agricultural lands /ton	总氧化亚氮排放 /t Total N_2O emissions / ton	总氧化亚氮排放 / 万 t 二氧化碳当量 Total N_2O emissions / 10^4 t CO_2-eq
南京 Nanjing	0.00	1067.89	165.35	831.98	2065.22	54.73
无锡 Wuxi	0.00	597.33	112.92	609.22	1319.47	34.97
徐州 Xuzhou	0.00	0.00	1304.55	6442.33	7746.88	205.29
常州 Changzhou	0.00	0.00	148.22	591.84	740.06	19.61
苏州 Suzhou	0.00	505.13	177.26	1920.53	2602.92	68.98
南通 Nantong	35.16	0.00	834.86	2309.05	3179.06	84.25
连云港 Lianyungang	0.00	2.99	413.58	2617.62	3034.19	80.41
淮安 Huai'an	0.00	0.19	451.00	3852.92	4304.10	114.06
盐城 Yancheng	13010 64	0.00	1378.58	5702.10	20091.32	532.42
扬州 Yangzhou	0.00	0.00	207.00	2212.57	2419.57	64.12
镇江 Zhenjiang	0.00	0.00	104.51	597.01	701.52	18.59
泰州 Taizhou	0.00	0.00	386.27	1858.99	2245.26	59.50
宿迁 Suqian	0.00	0.00	559.18	3821.87	4381.05	116.10

城市名称 City	己二酸生产 /t Adipic acid /ton	硝酸生产 /t Nitric acid /ton	动物粪便管理 /t Manure management/ton	农地 /t Agricultural lands /ton	总氧化亚氮排放 /t Total N_2O emissions / ton	总氧化亚氮排放 / 万 t 二氧化碳当量 Total N_2O emissions / 10^4 t CO_2-eq
杭州 Hangzhou	0.00	1971.36	350.65	1259.46	3581.46	94.91
宁波 Ningbo	0.00	501.13	205.32	1144.71	1851.16	49.06
温州 Wenzhou	0.00	0.00	194.21	1055.11	1249.32	33.11
嘉兴 Jiaxing	0.00	0.00	155.84	1280.86	1436.70	38.07
湖州 Huzhou	0.00	0.00	199.07	697.17	896.24	23.75
绍兴 Shaoxing	0.00	0.00	180.97	1333.64	1514.61	40.14
金华 Jinhua	0.00	35.58	265.97	1014.99	1316.54	34.89
衢州 Quzhou	3469.50	0.00	235.94	853.00	4558.44	120.80
舟山 Zhoushan	0.00	0.00	18.69	67.72	86.42	2.29
台州 Taizhou	0.00	0.00	172.10	1045.47	1217.57	32.27
丽水 Lishui	0.00	0.00	134.13	610.77	744.90	19.74

城市名称 City	己二酸生产 /t Adipic acid /ton	硝酸生产 /t Nitric acid /ton	动物粪便管理 /t Manure management/ton	农地 /t Agricultural lands /ton	总氧化亚氮排放 /t Total N_2O emissions / ton	总氧化亚氮排放 / 万 t 二氧化碳当量 Total N_2O emissions / 10^4 t CO_2-eq
合肥 Hefei	0.00	0.00	610.87	2780.10	3390.97	89.86
芜湖 Wuhu	0.00	0.00	179.96	1554.72	1734.68	45.97
蚌埠 Bengbu	0.00	0.00	548.57	2386.22	2934.79	77.77
淮南 Huainan	0.00	2393.97	349.20	2369.61	5112.79	135.49
马鞍山 Ma'anshan	0.00	0.00	86.25	724.61	810.86	21.49
淮北 Huaibei	0.00	0.00	157.81	817.68	975.50	25.85
铜陵 Tongling	0.00	0.00	105.52	524.04	629.56	16.68
安庆 Anqing	0.00	0.00	454.37	1979.46	2433.82	64.50
黄山 Huangshan	0.00	0.00	157.29	514.93	672.22	17.81
滁州 Chuzhou	0.00	970.81	560.09	3002.39	4533.29	120.13
阜阳 Fuyang	0.00	0.00	1010.22	3027.52	4037.73	107.00
宿州 Suzhou	0.00	0.00	1047.66	3126.14	4173.80	110.61
六安 Lu'an	0.00	0.00	519.17	2516.66	3035.83	80.45
亳州 Bozhou	0.00	0.00	545.23	2301.29	2846.52	75.43
池州 Chizhou	0.00	3537.24	112.26	647.52	4297.03	113.87
宣城 Xuancheng	0.00	0.00	255.33	1246.39	1501.72	39.80

城市名称 City	己二酸生产 /t Adipic acid /ton	硝酸生产 /t Nitric acid /ton	动物粪便管理 /t Manure management/ton	农地 /t Agricultural lands /ton	总氧化亚氮排放 /t Total N_2O emissions / ton	总氧化亚氮排放 / 万 t 二氧化碳当量 Total N_2O emissions / 10^4 t CO_2-eq
福州 Fuzhou	0.00	634.51	558.57	1779.22	2972.31	78.77
厦门 Xiamen	0.00	0.00	82.77	305.58	388.35	10.29
莆田 Putian	0.00	0.00	210.82	1002.46	1213.28	32.15
三明 Sanming	0.00	492.43	423.38	1897.13	2812.94	74.54
泉州 Quanzhou	0.00	0.00	463.98	2204.04	2668.02	70.70
漳州 Zhangzhou	0.00	0.00	489.66	4667.17	5156.83	136.66
南平 Nanping	0.00	501.13	883.54	2780.22	4164.90	110.37
龙岩 Longyan	0.00	0.00	98.00	1357.32	1455.32	38.57
宁德 Ningde	0.00	0.00	211.47	1320.57	1532.04	40.60

城市名称 City	己二酸生产 /t Adipic acid /ton	硝酸生产 /t Nitric acid /ton	动物粪便管理 /t Manure management/ton	农地 /t Agricultural lands /ton	总氧化亚氮排放 /t Total N_2O emissions / ton	总氧化亚氮排放 / 万 t 二氧化碳当量 Total N_2O emissions / 10^4 t CO_2-eq
南昌 Nanchang	0.00	0.00	717.07	1472.55	2189.62	58.02
景德镇 Jingdezhen	0.00	0.00	125.64	334.15	459.79	12.18
萍乡 Pingxiang	0.00	0.00	263.13	473.24	736.37	19.51
九江 Jiujiang	0.00	0.00	343.30	1492.19	1835.49	48.64
新余 Xinyu	0.00	0.00	170.82	494.86	665.68	17.64
鹰潭 Yingtan	0.00	0.00	196.09	469.81	665.90	17.65
赣州 Ganzhou	0.00	0.00	1420.79	2555.79	3976.58	105.38
吉安 Ji'an	0.00	0.00	1341.18	2116.93	3458.11	91.64
宜春 Yichun	0.00	0.00	1359.94	2460.97	3820.92	101.25
抚州 Fuzhou	0.00	0.00	646.08	1765.09	2411.17	63.90
上饶 Shangrao	0.00	0.00	724.28	1614.18	2338.46	61.97

城市名称 City	己二酸生产 /t Adipic acid /ton	硝酸生产 /t Nitric acid /ton	动物粪便管理 /t Manure management/ton	农地 /t Agricultural lands /ton	总氧化亚氮排放 /t Total N_2O emissions / ton	总氧化亚氮排放 / 万 t 二氧化碳当量 Total N_2O emissions / 10^4 t CO_2-eq
济南 Jinan	0.00	501.13	1391.34	1622.25	3514.72	93.14
青岛 Qingdao	0.00	501.13	789.17	1530.20	2820.50	74.74
淄博 Zibo	24302.01	927.80	353.37	629.65	26212.83	694.64
枣庄 Zaozhuang	0.00	1965.12	556.75	1307.10	3828.98	101.47
东营 Dongying	0.00	0.00	481.96	745.59	1227.56	32.53
烟台 Yantai	0.00	709.50	841.39	2028.57	3579.47	94.86
潍坊 Weifang	0.00	501.13	1707.95	2948.82	5157.90	136.68
济宁 Jining	0.00	0.00	1447.76	2650.44	4098.19	108.60
泰安 Tai'an	0.00	1206.47	1143.73	1436.25	3786.45	100.34
威海 Weihai	0.00	0.00	328.36	637.25	965.62	25.59
日照 Rizhao	0.00	0.00	523.25	795.51	1318.76	34.95
莱芜 Laiwu	0.00	0.00	166.74	271.25	437.99	11.61
临沂 Linyi	0.00	501.13	1478.74	2528.09	4507.96	119.46
德州 Dezhou	6939.01	0.00	2283.79	2908.63	12131.42	321.48
聊城 Liaocheng	0.00	0.00	1088.84	2423.22	3512.06	93.07
滨州 Binzhou	0.00	0.00	1040.32	1549.53	2589.85	68.63
菏泽 Heze	28227.41	0.00	2050.77	3622.25	33900.43	898.36

城市名称 City	己二酸生产 /t Adipic acic /ton	硝酸生产 /t Nitric acid /ton	动物粪便管理 /t Manure management/ton	农地 /t Agricultural lands /ton	总氧化亚氮排放 /t Total N_2O emissions / ton	总氧化亚氮排放 / 万 t 二氧化碳当量 Total N_2O emissions / 10^4 t CO_2-eq
郑州 Zhengzhou	0.00	0.00	772.80	1238.26	2011.06	53.29
开封 Kaifeng	0.00	970.81	1477.01	2093.92	4541.74	120.36
洛阳 Luoyang	0.00	0.00	1248.99	1520.40	2769.40	73.39
平顶山 Pingdingshan	169.14	0.00	1199.95	1898.34	3267.42	86.59
安阳 Anyang	0.00	0.00	803.29	2099.02	2902.31	76.91
鹤壁 Hebi	0.00	0.00	432.13	629.57	1061.70	28.14
新乡 Xinxiang	0.00	1454.65	1242.59	2726.99	5424.23	143.74
焦作 Jiaozuo	0.00	0.00	510.43	1054.03	1564.46	41.46
濮阳 Puyang	0.00	0.00	847.20	1645.34	2492.53	66.05
许昌 Xuchang	0.00	0.00	963.09	1520.21	2483.30	65.81
漯河 Luohe	0.00	0.00	648.74	965.02	1613.76	42.76
三门峡 Sanmenxia	0.00	0.00	559.81	599.03	1158.84	30.71
南阳 Nanyang	0.00	0.00	2924.31	4650.40	7574.71	200.73
商丘 Shangqiu	0.00	0.00	1974.38	3964.33	5938.70	157.38
信阳 Xinyang	0.00	0.00	1670.22	3544.57	5214.79	138.19
周口 Zhoukou	0.00	0.00	2267.84	4299.71	6567.55	174.04
驻马店 Zhumadian	0.00	0.00	2793.43	3442.74	6236.17	165.26

城市名称 City	己二酸生产 /t Adipic acid /ton	硝酸生产 /t Nitric acid /ton	动物粪便管理 /t Manure management/ton	农地 /t Agricultural lands /ton	总氧化亚氮排放 /t Total N_2O emissions / ton	总氧化亚氮排放 / 万 t 二氧化碳当量 Total N_2O emissions / 10^4 t CO_2-eq
武汉 Wuhan	0.00	0.00	511.09	1404.98	1916.07	50.78
黄石 Huangshi	0.00	0.00	245.36	700.10	945.47	25.05
十堰 Shiyan	0.00	0.00	656.41	1626.90	2283.30	60.51
宜昌 Yichang	0.00	0.00	532.79	2989.45	3522.23	93.34
襄阳 Xiangyang	0.00	1002.26	982.67	5527.77	7512.69	199.09
鄂州 Ezhou	0.00	0.00	1298.24	1556.49	2854.73	75.65
荆门 Jingmen	0.00	501.13	269.76	2126.31	2897.19	76.78
孝感 Xiaogan	0.00	0.00	860.33	2554.19	3414.52	90.48
荆州 Jingzhou	0.00	0.00	891.07	3308.74	4199.81	111.29
黄冈 Huanggang	0.00	0.00	1361.99	3758.42	5120.41	135.69
咸宁 Xianning	0.00	0.00	444.41	1233.71	1678.13	44.47
随州 Suizhou	0.00	0.00	652.90	1890.05	2542.94	67.39

城市名称 City	己二酸生产 /t Adipic acid /ton	硝酸生产 /t Nitric acid /ton	动物粪便管理 /t Manure management/ton	农地 /t Agricultural lands /ton	总氧化亚氮排放 /t Total N_2O emissions / ton	总氧化亚氮排放 / 万 t 二氧化碳当量 Total N_2O emissions / 10^4 t CO_2-eq
长沙 Changsha	0.00	0.00	836.99	2132.61	2969.61	78.69
株洲 Zhuzhou	0.00	0.00	645.99	1413.78	2059.76	54.58
湘潭 Xiangtan	0.00	0.00	498.98	1499.13	1998.11	52.95
衡阳 Hengyang	0.00	0.00	1438.17	3478.26	4916.43	130.29
邵阳 Shaoyang	0.00	501.13	1352.94	2823.48	4677.55	123.96
岳阳 Yueyang	0.00	0.00	1089.16	2821.83	3910.99	103.64
常德 Changde	0.00	0.00	1694.71	4322.50	6017.21	159.46
张家界 Zhangjiajie	0.00	0.00	261.07	661.50	922.57	24.45
益阳 Yiyang	0.00	0.00	985.57	2696.94	3682.50	97.59
郴州 Chenzhou	0.00	0.00	830.36	1890.96	2721.32	72.12
永州 Yongzhou	0.00	0.00	1561.83	3025.38	4587.21	121.56
怀化 Huaihua	0.00	0.00	849.75	1500.53	2350.28	62.28
娄底 Loudi	0.00	0.00	763.23	1371.59	2134.83	56.57

城市名称 City	己二酸生产 /t Adipic acid /ton	硝酸生产 /t Nitric acid /ton	动物粪便管理 /t Manure management/ton	农地 /t Agricultural lands /ton	总氧化亚氮排放 /t Total N_2O emissions / ton	总氧化亚氮排放 / 万 t 二氧化碳当量 Total N_2O emissions / 10^4 t CO_2-eq
广州 Guangzhou	0.00	0.00	301.93	1543.03	1844.96	48.89
韶关 Shaoguan	0.00	0.00	322.79	1414.99	1737.78	46.05
深圳 Shenzhen	0.00	0.00	8.26	57.30	65.57	1.74
珠海 Zhuhai	0.00	0.00	76.33	202.52	278.86	7.39
汕头 Shantou	0.00	0.00	138.85	1081.03	1219.88	32.33
佛山 Foshan	0.00	0.00	262.38	1693.59	1955.97	51.83
江门 Jiangmen	0.00	15.06	488.70	1320.83	1824.59	48.35
湛江 Zhanjiang	0.00	0.00	1004.20	5799.55	6803.75	180.30
茂名 Maoming	0.00	0.00	1140.21	4969.96	6110.16	161.92
肇庆 Zhaoqing	0.00	0.00	705.74	3558.30	4264.03	113.00
惠州 Huizhou	0.00	0.00	353.68	1346.39	1700.07	45.05

城市名称 City	己二酸生产 /t Adipic acid /ton	硝酸生产 /t Nitric acid /ton	动物粪便管理 /t Manure management/ton	农地 /t Agricultural lands /ton	总氧化亚氮排放 /t Total N_2O emissions / ton	总氧化亚氮排放 / 万 t 二氧化碳当量 Total N_2O emissions / 10^4 t CO_2-eq
梅州 Meizhou	0.00	0.00	512.78	1816.20	2328.98	61.72
汕尾 Shanwei	0.00	0.00	216.38	413.25	629.63	16.69
河源 Heyuan	0.00	0.00	332.13	2568.82	2900.94	76.88
阳江 Yangjiang	0.00	0.00	378.08	1820.20	2198.28	58.25
清远 Qingyuan	0.00	0.00	472.27	2666.14	3138.41	83.17
东莞 Dongguan	0.00	0.00	18.76	362.11	380.87	10.09
中山 Zhongshan	0.00	0.00	42.03	1346.37	1388.40	36.79
潮州 Chaozhou	0.00	0.00	118.39	858.70	977.09	25.89
揭阳 Jieyang	0.00	0.00	263.14	2106.73	2369.87	62.80
云浮 Yunfu	0.00	0.00	584.50	1923.06	2507.56	66.45

城市名称 City	己二酸生产 /t Adipic acid /ton	硝酸生产 /t Nitric acid /ton	动物粪便管理 /t Manure management/ton	农地 /t Agricultural lands /ton	总氧化亚氮排放 /t Total N_2O emissions / ton	总氧化亚氮排放 / 万 t 二氧化碳当量 Total N_2O emissions / 10^4 t CO_2-eq
南宁 Nanning	0.00	0.00	1503.82	6242.09	7745.91	205.27
柳州 Liuzhou	0.00	970.81	533.45	2388.11	3892.37	103.15
桂林 Guilin	0.00	0.00	1131.82	2531.89	3663.71	97.09
梧州 Wuzhou	0.00	0.00	293.61	1254.54	1548.15	41.03
北海 Beihai	0.00	0.00	253.53	648.87	902.40	23.91
防城港 Fangchenggang	0.00	0.00	150.67	732.54	883.21	23.41
钦州 Qinzhou	0.00	0.00	591.35	1605.46	2196.81	58.22
贵港 Guigang	0.00	0.00	685.03	2799.19	3484.22	92.33
玉林 Yulin	0.00	0.00	1608.92	3865.99	5474.91	145.09
百色 Baise	0.00	0.00	904.65	2008.30	2912.96	77.19
贺州 Hezhou	0.00	0.00	456.00	2898.34	3354.33	88.89
河池 Hechi	0.00	0.00	805.32	2172.71	2978.04	78.92
来宾 Laibin	0.00	0.00	523.89	2860.47	3384.36	89.69
崇左 Chongzuo	0.00	0.00	408.29	3206.51	3614.80	95.79

城市名称 City	己二酸生产 /t Adipic acic /ton	硝酸生产 /t Nitric acid /ton	动物粪便管理 /t Manure management/ton	农地 /t Agricultural lands /ton	总氧化亚氮排放 /t Total N_2O emissions / ton	总氧化亚氮排放 / 万 t 二氧化碳当量 Total N_2O emissions / 10^4 t CO_2-eq
成都 Chengdu	0.00	505.37	1022.75	2234.32	3762.44	99.70
自贡 Zigong	0.00	0.00	399.76	1118.65	1518.41	40.24
攀枝花 Panzhihua	0.00	0.00	221.04	386.81	607.85	16.11
泸州 Luzhou	0.00	501.13	888.44	1705.03	3094.59	82.01
德阳 Deyang	0.00	0.00	750.58	2272.41	3022.99	80.11
绵阳 Mianyang	0.00	501.13	1069.11	2597.58	4167.82	110.45
广元 Guangyuan	0.00	0.00	787.13	1619.36	2406.49	63.77
遂宁 Suining	0.00	0.00	571.83	1743.32	2315.15	61.35
内江 Neijiang	0.00	0.00	598.81	1836.54	2435.35	64.54
乐山 Leshan	0.00	0.00	545.13	1445.79	1990.92	52.76

城市名称 City	己二酸生产 /t Adipic acid /ton	硝酸生产 /t Nitric acid /ton	动物粪便管理 /t Manure management/ton	农地 /t Agricultural lands /ton	总氧化亚氮排放 /t Total N_2O emissions / ton	总氧化亚氮排放 / 万 t 二氧化碳当量 Total N_2O emissions / 10^4 t CO_2-eq
南充 Nanchong	0.00	0.00	1420.48	3212.30	4632.78	122.77
眉山 Meishan	0.00	501.13	555.92	1595.28	2652.33	70.29
宜宾 Yibin	0.00	0.00	994.11	1559.11	2553.22	67.66
广安 Guang'an	0.00	0.00	802.26	1814.69	2616.95	69.35
达州 Dazhou	0.00	0.00	1546.46	3156.47	4702.93	124.63
雅安 Ya'an	0.00	0.00	321.19	690.56	1011.75	26.81
巴中 Bazhong	0.00	0.00	935.95	1860.94	2796.89	74.12
资阳 Ziyang	0.00	0.00	725.17	1657.05	2382.22	63.13

城市名称 City	已二酸生产 /t Adipic acid /ton	硝酸生产 /t Nitric acid /ton	动物粪便管理 /t Manure management/ton	农地 /t Agricultural lands /ton	总氧化亚氮排放 /t Total N_2O emissions / ton	总氧化亚氮排放 / 万 t 二氧化碳当量 Total N_2O emissions / 10^4 t CO_2-eq
贵阳 Guiyang	0.00	0.00	425.98	846.64	1272.62	33.72
六盘水 Liupanshui	0.00	0.00	497.27	1047.98	1545.25	40.95
遵义 Zunyi	0.00	0.00	1522.73	2968.18	4490.92	119.01
安顺 Anshun	0.00	0.00	663.87	918.83	1582.70	41.94
毕节 Bijie	0.00	0.00	1394.82	2999.22	4394.04	116.44
铜仁 Tongren	0.00	0.00	944.04	1635.08	2579.12	68.35

城市名称 City	己二酸生产 /t Adipic acid /ton	硝酸生产 /t Nitric acid /ton	动物粪便管理 /t Manure management/ton	农地 /t Agricultural lands /ton	总氧化亚氮排放 /t Total N_2O emissions / ton	总氧化亚氮排放 / 万 t 二氧化碳当量 Total N_2O emissions / 10^4 t CO_2-eq
昆明 Kunming	0.00	501.13	732.42	2255.76	3489.31	92.47
曲靖 Qujing	0.00	0.00	1877.80	4357.26	6235.06	165.23
玉溪 Yuxi	0.00	0.00	401.18	1109.75	1510.93	40.04
保山 Baoshan	0.00	0.00	797.85	1728.42	2526.27	66.95
昭通 Zhaotong	0.00	0.00	784.41	2087.70	2872.10	76.11
丽江 Lijiang	0.00	0.00	429.80	930.76	1360.55	36.05
普洱 Pu'er	0.00	0.00	645.91	1412.40	2058.30	54.55
临沧 Lincang	0.00	0.00	742.73	2189.33	2932.05	77.70

城市名称 City	己二酸生产 /t Adipic acid /ton	硝酸生产 /t Nitric acid /ton	动物粪便管理 /t Manure management/ton	农地 /t Agricultural lands /ton	总氧化亚氮排放 /t Total N_2O emissions /ton	总氧化亚氮排放 / 万 t 二氧化碳当量 Total N_2O emissions / 10^4 t CO_2-eq
西安 Xi'an	0.00	0.00	286.66	1303.11	1589.77	42.13
铜川 Tongchuan	0.00	0.00	57.95	286.37	344.32	9.12
宝鸡 Baoji	0.00	0.00	447.35	1394.98	1842.32	48.82
咸阳 Xianyang	0.00	501.13	562.30	2494.29	3557.72	94.28
渭南 Weinan	0.00	0.00	496.30	3419.60	3915.90	103.77
延安 Yan'an	0.00	0.00	202.32	812.57	1014.88	26.89
汉中 Hanzhong	0.00	0.00	541.82	1015.51	1557.32	41.27
榆林 Yulin	0.00	0.00	498.27	1015.35	1513.61	40.11
安康 Ankang	0.00	0.00	494.85	839.03	1333.88	35.35
商洛 Shangluo	0.00	0.00	246.17	436.74	682.91	18.10

城市名称 City	己二酸生产 /t Adipic acid /ton	硝酸生产 /t Nitric acid /ton	动物粪便管理 /t Manure management/ton	农地 /t Agricultural lands /ton	总氧化亚氮排放 /t Total N_2O emissions / ton	总氧化亚氮排放 / 万 t 二氧化碳当量 Total N_2O emissions / 10^4 t CO_2-eq
兰州 Lanzhou	0.00	501.13	169.15	345.46	1015.73	26.92
嘉峪关 Jiayuguan	0.00	0.00	11.53	21.67	33.20	0.88
金昌 Jinchang	0.00	0.00	102.41	181.77	284.17	7.53
白银 Baiyin	0.00	0.00	309.23	493.22	802.44	21.26
天水 Tianshui	0.00	0.00	346.49	613.76	960.25	25.45
武威 Wuwei	0.00	0.00	739.75	1132.92	1872.67	49.63
张掖 Zhangye	0.00	0.00	683.40	895.99	1579.39	41.85
平凉 Pingliang	0.00	0.00	499.52	739.04	1238.57	32.82
酒泉 Jiuquan	0.00	0.00	397.78	675.48	1073.26	28.44
庆阳 Qingyang	0.00	0.00	417.19	759.99	1177.18	31.20
定西 Dingxi	0.00	0.00	394.02	727.27	1121.29	29.71
陇南 Longnan	0.00	0.00	383.87	581.20	965.06	25.57

城市名称 City	己二酸生产 /t Adipic acic /ton	硝酸生产 /t Nitric acid /ton	动物粪便管理 /t Manure management/ton	农地 /t Agricultural lands /ton	总氧化亚氮排放 /t Total N_2O emissions / ton	总氧化亚氮排放 / 万 t 二氧化碳当量 Total N_2O emissions / 10^4 t CO_2-eq
银川 Yinchuan	0.00	0.00	251.29	574.87	826.16	21.89
石嘴山 Shizuishan	0.00	0.00	110.12	433.00	543.12	14.39
吴忠 Wuzhong	0.00	0.00	447.65	726.75	1174.41	31.12
固原 Guyuan	0.00	0.00	470.97	460.09	931.06	24.67
中卫 Zhongwei	0.00	1481.48	253.73	575.62	2310.83	61.24

城市名称 City	己二酸生产 /t Adipic acid /ton	硝酸生产 /t Nitric acid /ton	动物粪便管理 /t Manure management/ton	农地 /t Agricultural lands /ton	总氧化亚氮排放 /t Total N_2O emissions / ton	总氧化亚氮排放 / 万 t 二氧化碳当量 Total N_2O emissions / 10^4 t CO_2-eq
海口 Haikou	0.00	0.00	143.93	543.06	686.99	18.21
三亚 Sanya	0.00	0.00	50.10	255.81	305.90	8.11
儋州 Danzhou	0.00	0.00	230.48	665.03	895.51	23.73
拉萨 Lhasa	0.00	0.00	726.20	178.61	904.81	23.98
日喀则 Shigatse	0.00	0.00	1046.98	323.50	1370.48	36.32
昌都 Changdu	0.00	0.00	1453.52	297.10	1750.62	46.39
林芝 Linzhi	0.00	0.00	379.67	107.43	487.10	12.91
西宁 Xining	0.00	0.00	338.55	335.60	674.15	17.87
海东 Haidong	0.00	0.00	381.80	408.67	790.47	20.95
乌鲁木齐 Urumqi	0.00	0.00	126.87	120.90	247.77	6.57
克拉玛依 Karamay	16000.44	0.00	28.66	61.91	16091.01	426.41
吐鲁番 Turpan	0.00	0.00	93.20	247.99	341.19	9.04

第四部分
含氟温室气体排放

Part Ⅳ　Fluorinated Greenhouse Gases Emissions

城市名称 City	HFC-410A/kg	HFC-134a/kg	HFC-23/kg	CF_4/kg	C_2F_6/kg	SF_6/kg	总含氟温室气体排放/万t二氧化碳当量 Total fluorinated greenhouse gases emissions /10^4 t CO_2-eq
北京 Beijing	418995.60	347329.42	0	0	0	23007.63	179.84
天津 Tianjin	214754.88	281105.85	0	0	0	20660.03	126.41
上海 Shanghai	556891.43	350222.40	0	10293.21	319.67	31859.42	234.72
重庆 Chongqing	177693.31	256855.13	0	22421.15	696.31	11966.51	111.34

城市名称 City	HFC-410A/ kg	HFC-134a/ kg	HFC-23/ kg	CF_4/ kg	C_2F_6/ kg	SF_6/ kg	总含氟温室气体排放 / 万 t 二氧化碳当量 Total fluorinated greenhouse gases emissions / 10^4 t CO_2-eq
石家庄 Shijiazhuang	74483.68	174423.03	0.00	1030.40	32.00	5383.45	50.38
唐山 Tangshan	58956.36	223386.36	0.00	0.00	0.00	7870.74	58.88
秦皇岛 Qinhuangdao	14248.57	53718.67	0.00	0.00	0.00	2208.25	14.91
邯郸 Handan	49657.20	130896.15	0.00	0.00	0.00	3337.94	34.41
邢台 Xingtai	35678.80	65692.08	0.00	0.00	0.00	2184.71	20.54
保定 Baoding	51539.15	115903.46	0.00	4427.50	137.50	4301.56	38.18
张家口 Zhangjiakou	25751.15	56681.55	0.00	0.00	0.00	2577.03	18.38
承德 Chengde	16083.39	46601.12	0.00	0.00	0.00	1950.34	13.74
沧州 Cangzhou	29548.61	105041.72	0.00	0.00	0.00	4381.85	29.64
廊坊 Langfang	38723.72	72167.68	0.00	0.00	0.00	4470.10	27.34
衡水 Hengshui	14825.27	42501.39	0.00	0.00	0.00	1335.12	11.52

城市名称 City	HFC-410A/ kg	HFC-134a/ kg	HFC-23/ kg	CF_4/ kg	C_2F_6/ kg	SF_6/ kg	总含氟温室气体排放/万 t 二氧化碳当量 Total fluorinated greenhouse gases emissions /10^4 t CO_2-eq
太原 Taiyuan	29563.15	73201.55	0.00	0.00	0.00	5274.61	27.60
大同 Datong	23422.43	22405.26	0.00	0.00	0.00	3105.19	14.72
阳泉 Yangquan	9848.55	13619.31	0.00	16534.54	513.50	833.65	17.16
长治 Changzhi	16516.84	50847.84	0.00	0.00	0.00	2358.24	15.33
晋城 Jincheng	5905.06	39243.82	0.00	0.00	0.00	1327.30	9.36
朔州 Shuozhou	4864.72	40014.02	0.00	0.00	0.00	2299.77	11.54
晋中 Jinzhong	14209.94	43885.11	0.00	0.00	0.00	2663.85	14.70
运城 Yuncheng	10835.58	48766.14	0.00	116109.97	3605.90	1608.83	93.19
忻州 Xinzhou	5116.54	25941.38	0.00	0.00	0.00	2403.29	10.00
临汾 Linfen	10071.91	51440.01	0.00	0.00	0.00	1844.24	12.96
吕梁 Lvliang	7528.74	44621.80	0.00	0.00	0.00	2248.69	12.53

城市名称 City	HFC-41CA/ kg	HFC-134a/ kg	HFC-23/ kg	CF_4/ kg	C_2F_6/ kg	SF_6/ kg	总含氟温室气体排放/万 t 二氧化碳当量 Total fluorinated greenhouse gases emissions /10^4 t CO_2-eq
呼和浩特 Hohhot	8935.96	79739.27	0.00	0.00	0.00	4471.67	22.59
包头 Baotou	9947.51	59715.07	0.00	90657.65	2815.46	3483.80	81.09
乌海 Wuhai	1397.04	23960.28	0.00	0.00	0.00	784.45	5.23
赤峰 Chifeng	2355.16	63085.25	0.00	0.00	0.00	2245.62	13.93
通辽 Tongliao	1893.52	73642.16	0.00	185880.23	5772.68	1954.18	144.18
鄂尔多斯 Ordos	6511.88	135901.96	0.00	0.00	0.00	4434.49	29.34
呼伦贝尔 Hulunbuir	1069.86	55565.61	0.00	0.00	0.00	2096.26	12.36
巴彦淖尔 Bayannur	2145.15	35434.12	0.00	0.00	0.00	917.38	7.17
乌兰察布 Ulanqab	717.13	33479.67	0.00	0.00	0.00	1384.92	7.74

城市名称 City	HFC-410A/ kg	HFC-134a/ kg	HFC-23/ kg	CF_4/ kg	C_2F_6/ kg	SF_6/ kg	总含氟温室气体排放 / 万 t 二氧化碳当量 Total fluorinated greenhouse gases emissions /10^4 t CO_2-eq
沈阳 Shenyang	28970.97	133038.50	0.00	0.00	0.00	10409.52	47.33
大连 Dalian	22749.35	216682.32	0.00	0.00	0.00	6432.33	47.66
鞍山 Anshan	8500.16	76907.07	0.00	161.00	5.00	2738.71	18.18
抚顺 Fushun	3699.75	47180.73	0.00	0.00	0.00	2184.51	11.98
本溪 Benxi	5498.02	34813.20	0.00	16.10	0.50	1459.86	9.03
丹东 Dandong	10046.32	58118.71	0.00	0.00	0.00	1252.22	12.43
锦州 Jinzhou	7756.23	38794.95	0.00	0.00	0.00	1647.99	10.41
营口 Yingkou	26.28	61451.43	0.00	47852.26	1486.10	2437.81	47.10
阜新 Fuxin	3095.40	16920.47	0.00	0.00	0.00	859.28	4.81
辽阳 Liaoyang	6769.90	48430.40	0.00	0.00	0.00	2325.35	13.06
盘锦 Panjin	4559.68	36957.08	0.00	0.00	0.00	2460.43	11.46
铁岭 Tieling	3661.24	61928.73	0.00	0.00	0.00	1157.65	11.48
朝阳 Chaoyang	4075.61	44820.83	0.00	0.00	0.00	1454.14	10.03
葫芦岛 Huludao	3334.87	25736.05	0.00	0.00	0.00	1392.27	7.26

城市名称 City	HFC-410A/ kg	HFC-134a/ kg	HFC-23/ kg	CF_4/ kg	C_2F_6/ kg	SF_6/ kg	总含氟温室气体排放 / 万 t 二氧化碳当量 Total fluorinated greenhouse gases emissions /10^4 t CO_2-eq
长春 Changchun	6771.17	102438.72	0.00	0.00	0.00	9224.07	36.30
吉林 Jilin	4796.08	88334.05	0.00	0.00	0.00	2978.66	19.41
四平 Siping	2993.59	51208.03	0.00	0.00	0.00	1829.71	11.53
辽源 Liaoyuan	717.03	13341.13	0.00	0.00	0.00	716.38	3.56
通化 Tonghua	1735.67	34984.30	0.00	0.00	0.00	696.27	6.52
白山 Baishan	1535.16	20052.23	0.00	0.00	0.00	486.32	4.05
松原 Songyuan	3491.05	62286.99	0.00	0.00	0.00	1573.74	12.47
白城 Baicheng	2192.27	25496.48	0.00	0.00	0.00	1021.01	6.14

城市名称 City	HFC-410A/kg	HFC-134a/kg	HFC-23/kg	CF_4/kg	C_2F_6/kg	SF_6/kg	总含氟温室气体排放/万t二氧化碳当量 Total fluorinated greenhouse gases emissions /10^4 t CO_2-eq
哈尔滨 Harbin	20304.11	219120.11	0.00	0.00	0.00	9102.90	53.78
齐齐哈尔 Qiqihar	5228.95	51562.88	0.00	0.00	0.00	2887.57	14.50
鸡西 Jixi	2419.34	25650.35	0.00	0.00	0.00	914.53	5.95
鹤岗 Hegang	1221.80	15653.84	0.00	0.00	0.00	470.84	3.38
双鸭山 Shuangyashan	1422.23	23953.89	0.00	0.00	0.00	921.45	5.55
大庆 Daqing	5150.16	114850.73	0.00	0.00	0.00	8205.29	35.20
伊春 Yichun	1450.79	13103.19	0.00	0.00	0.00	436.80	3.01
佳木斯 Jiamusi	3494.11	24755.00	0.00	0.00	0.00	2382.39	9.49
七台河 Qitaihe	1366.88	18244.30	0.00	0.00	0.00	648.46	4.16
牡丹江 Mudanjiang	5389.00	43266.22	0.00	0.00	0.00	1735.59	10.74
黑河 Heihe	1516.21	14369.27	0.00	0.00	0.00	856.73	4.17
绥化 Suihua	4793.94	49743.70	0.00	0.00	0.00	1654.28	11.28

城市名称 City	HFC-410A/ kg	HFC-134a/ kg	HFC-23/ kg	CF_4/ kg	C_2F_6/ kg	SF_6/ kg	总含氟温室气体排放 / 万 t 二氧化碳当量 Total fluorinated greenhouse gases emissions /10^4 t CO_2-eq
南京 Nanjing	157124.16	177980.50	0.00	0.00	0.00	9969.49	76.80
无锡 Wuxi	128885.39	208720.51	0.00	0.00	0.00	9654.02	74.62
徐州 Xuzhou	77249.46	135238.44	0.00	0.00	0.00	5111.81	44.46
常州 Changzhou	50408.66	148477.36	0.00	0.00	0.00	5986.95	43.07
苏州 Suzhou	163584.52	346499.72	1519.75	0.00	0.00	24991.40	137.13
南通 Nantong	85901.44	152027.52	0.00	0.00	0.00	7999.10	55.09
连云港 Lianyungang	23103.13	60021.72	0.00	0.00	0.00	2934.19	19.14
淮安 Huai'an	26460.14	70608.06	0.00	0.00	0.00	3175.21	21.73
盐城 Yancheng	42870.84	127133.03	0.00	0.00	0.00	4552.32	35.47
扬州 Yangzhou	36251.28	111179.85	0.00	0.00	0.00	4087.94	31.03
镇江 Zhenjiang	31292.73	75916.02	0.00	39606.00	1230.00	3999.71	52.91
泰州 Taizhou	41085.23	109361.72	409476.13	0.00	0.00	3954.90	539.17
宿迁 Suqian	31594.75	62228.17	0.00	0.00	0.00	2240.16	19.43

城市名称 City	HFC-410A/ kg	HFC-134a/ kg	HFC-23/ kg	CF_4/ kg	C_2F_6/ kg	SF_6/ kg	总含氟温室气体排放 / 万 t 二氧化碳当量 Total fluorinated greenhouse gases emissions /10^4 t CO_2-eq
杭州 Hangzhou	139846.94	240873.09	0.00	0.00	0.00	11582.99	85.44
宁波 Ningbo	117709.69	232047.46	0.00	0.00	0.00	13189.52	83.81
温州 Wenzhou	65778.94	133276.07	0.00	692.30	21.50	6068.86	44.73
嘉兴 Jiaxing	41190.09	133689.24	0.00	0.00	0.00	4915.03	36.85
湖州 Huzhou	34954.11	77909.46	0.00	0.00	0.00	2869.20	23.60
绍兴 Shaoxing	47292.91	157357.47	0.00	2415.00	75.00	4857.27	42.65
金华 Jinhua	39394.03	122314.42	1843103.99	23663.14	734.88	6032.45	2339.61
衢州 Quzhou	11604.50	44071.96	9507.96	0.00	0.00	1062.27	22.25
舟山 Zhoushan	10447.87	27849.15	0.00	0.00	0.00	1324.04	8.74
台州 Taizhou	42925.02	114653.12	25.79	0.00	0.00	5129.71	35.25
丽水 Lishui	6791.72	37888.71	0.00	0.00	0.00	1523.81	9.81

城市名称 City	HFC-410A/ kg	HFC-134a/ kg	HFC-23/ kg	CF_4/ kg	C_2F_6/ kg	SF_6/ kg	总含氟温室气体排放 / 万 t 二氧化碳当量 Total fluorinated greenhouse gases emissions /10^4 t CO_2-eq
合肥 Hefei	100576.14	119814.01	0.00	0.00	0.00	8992.98	56.06
芜湖 Wuhu	32835.38	41147.06	0.00	0.00	0.00	2419.41	17.35
蚌埠 Bengbu	26914.01	37419.60	0.00	0.00	0.00	2060.14	14.88
淮南 Huainan	22872.24	34990.68	0.00	0.00	0.00	1138.71	11.63
马鞍山 Ma'anshan	13073.66	26178.62	0.00	0.00	0.00	1723.39	9.97
淮北 Huaibei	10113.87	26792.98	0.00	0.00	0.00	1092.26	8.00
铜陵 Tongling	4887.66	10645.82	0.00	255.67	7.94	702.48	4.15
安庆 Anqing	37947.75	58188.07	0.00	0.00	0.00	1157.80	17.59
黄山 Huangshan	5859.92	18158.26	0.00	0.00	0.00	272.21	4.13
滁州 Chuzhou	17739.21	41012.48	0.00	0.00	0.00	2651.89	14.98
阜阳 Fuyang	53086.54	42301.37	0.00	18917.50	587.50	2319.51	34.36
宿州 Suzhou	13613.20	38803.65	0.00	0.00	0.00	1836.41	11.98
六安 Lu'an	26366.77	38535.31	0.00	0.00	0.00	1577.53	13.79
亳州 Bozhou	17433.04	30037.42	0.00	1932.00	60.00	1427.86	11.96
池州 Chizhou	9118.56	16839.95	0.00	0.00	0.00	479.91	5.07
宣城 Xuancheng	6848.97	29016.91	0.00	0.00	0.00	1208.40	7.93

城市名称 City	HFC-410A/ kg	HFC-134a/ kg	HFC-23/ kg	CF_4/ kg	C_2F_6/ kg	SF_6/ kg	总含氟温室气体排放/万t二氧化碳当量 Total fluorinated greenhouse gases emissions /10^4 t CO_2-eq
福州 Fuzhou	57441.26	118688.57	0.00	0.00	0.00	6774.65	42.40
厦门 Xiamen	38972.23	71027.10	0.00	0.00	0.00	5007.65	28.50
莆田 Putian	19013.36	49478.45	0.00	0.00	0.00	3002.88	17.15
三明 Sanming	15644.24	51872.42	0.00	0.00	0.00	1328.71	12.88
泉州 Quanzhou	46104.88	221995.10	0.00	0.00	0.00	8893.84	58.63
漳州 Zhangzhou	14914.34	82405.16	0.00	0.00	0.00	3970.91	22.91
南平 Nanping	9548.59	43862.63	0.00	0.00	0.00	1165.58	10.28
龙岩 Longyan	25437.12	58031.08	0.00	0.00	0.00	1433.68	15.81
宁德 Ningde	8110.61	36508.32	0.00	812.57	25.24	1604.50	10.64

城市名称 City	HFC-410A/kg	HFC-134a/kg	HFC-23/kg	CF_4/kg	C_2F_6/kg	SF_6/kg	总含氟温室气体排放/万t二氧化碳当量 Total fluorinated greenhouse gases emissions /10^4 t CO_2-eq
南昌 Nanchang	39065.5[illegible]	72004.19	0.00	0.00	0.00	2813.26	23.49
景德镇 Jingdezhen	10676.54	21702.19	0.00	0.00	0.00	440.49	5.91
萍乡 Pingxiang	9760.11	26913.85	0.00	0.00	0.00	269.25	6.01
九江 Jiujiang	15307.86	39757.67	0.00	0.00	0.00	1532.34	11.71
新余 Xinyu	3846.93	34046.97	0.00	213.65	6.64	415.57	6.29
鹰潭 Yingtan	3466.01	16969.32	0.00	0.00	0.00	313.53	3.61
赣州 Ganzhou	16186.39	64323.12	349850.00	0.00	0.00	1864.89	449.67
吉安 Ji'an	11225.92	40993.71	0.00	0.00	0.00	849.61	9.49
宜春 Yichun	12631.66	53888.80	0.00	6137.64	190.61	1074.91	16.24
抚州 Fuzhou	9533.06	34449.79	0.00	0.00	0.00	755.58	8.09
上饶 Shangrao	12733.48	50106.96	0.00	3220.00	100.00	958.69	13.46

城市名称 City	HFC-410A/ kg	HFC-134a/ kg	HFC-23/ kg	CF_4/ kg	C_2F_6/ kg	SF_6/ kg	总含氟温室气体排放 / 万 t 二氧化碳当量 Total fluorinated greenhouse gases emissions / 10^4 t CO_2-eq
济南 Jinan	70752.13	167587.43	0.00	0.00	0.00	5165.31	47.54
青岛 Qingdao	134504.63	246607.00	0.00	1636.57	50.83	8796.17	79.75
淄博 Zibo	36906.05	168049.35	2576874.64	2797.76	86.89	2907.62	3233.06
枣庄 Zaozhuang	29299.60	79693.58	0.00	0.00	0.00	1561.08	19.67
东营 Dongying	15901.23	129975.38	0.00	0.00	0.00	3406.82	27.96
烟台 Yantai	47788.54	238345.73	0.00	133222.88	4137.36	5678.75	146.44
潍坊 Weifang	65884.78	178630.01	0.00	0.00	0.00	5155.02	48.01
济宁 Jining	85257.91	140783.00	0.00	23345.00	725.00	3466.46	59.13
泰安 Tai'an	39813.73	125770.56	0.00	0.00	0.00	1687.50	27.98
威海 Weihai	18585.51	106445.97	0.00	0.00	0.00	2257.12	22.72
日照 Rizhao	18287.49	59645.59	0.00	0.00	0.00	1749.35	15.38
莱芜 Laiwu	6577.76	32012.95	0.00	0.00	0.00	623.01	6.89
临沂 Linyi	55702.75	141066.55	0.00	35108.79	1090.34	4937.11	65.15
德州 Dezhou	66754.47	96268.25	0.00	0.00	0.00	1950.83	29.94
聊城 Liaocheng	43085.34	94175.25	0.00	532427.00	16535.00	2281.07	397.25
滨州 Binzhou	31454.77	87484.90	0.00	12460.43	386.97	3028.97	33.23
菏泽 Heze	36034.51	72383.13	0.00	0.00	0.00	2359.37	21.89

城市名称 City	HFC-410A/ kg	HFC-134a/ kg	HFC-23/ kg	CF_4/ kg	C_2F_6/ kg	SF_6/ kg	总含氟温室气体排放/万 t 二氧化碳当量 Total fluorinated greenhouse gases emissions /10^4 t CO_2-eq
郑州 Zhengzhou	94157.96	208098.12	0.00	416725.49	12941.79	8792.29	356.49
开封 Kaifeng	35766.31	48427.68	0.00	0.00	0.00	1480.35	16.66
洛阳 Luoyang	44694.31	125511.28	0.00	187990.18	5838.20	3037.09	163.17
平顶山 Pingdingshan	18308.70	74321.25	0.00	0.00	0.00	1904.56	17.66
安阳 Anyang	15152.13	74443.94	0.00	41165.09	1278.42	1854.85	45.66
鹤壁 Hebi	6852.01	24452.38	0.00	0.00	0.00	725.14	6.20
新乡 Xinxiang	33694.93	67497.76	0.00	0.00	0.00	2318.99	20.71
焦作 Jiaozuo	24710.64	70882.73	0.00	460340.22	14296.28	1405.76	338.35
濮阳 Puyang	22708.62	44289.31	0.00	0.00	0.00	1427.40	13.48
许昌 Xuchang	57596.67	74219.33	0.00	0.00	0.00	1469.11	24.18
漯河 Luohe	10209.54	38650.61	0.00	0.00	0.00	1143.38	9.68
三门峡 Sanmenxia	12720.57	48498.48	0.00	39717.09	1233.45	1031.29	38.88
南阳 Nanyang	48942.45	93916.66	0.00	29785.00	925.00	2102.01	47.34
商丘 Shangqiu	26566.97	63586.65	0.00	0.00	0.00	2217.16	18.59
信阳 Xinyang	46186.09	60631.21	0.00	0.00	0.00	1214.66	19.62
周口 Zhoukou	24706.70	67261.31	0.00	0.00	0.00	1558.51	17.16
驻马店 Zhumadian	26493.97	58271.75	0.00	0.00	0.00	1992.22	17.35

城市名称 City	HFC-410A/ kg	HFC-134a/ kg	HFC-23/ kg	CF_4/ kg	C_2F_6/ kg	SF_6/ kg	总含氟温室气体排放 / 万 t 二氧化碳当量 Total fluorinated greenhouse gases emissions /10^4 t CO_2-eq
武汉 Wuhan	134495.72	71182.49	0.00	0.00	0.00	9865.23	58.31
黄石 Huangshi	10203.42	20586.17	0.00	0.00	0.00	922.06	6.81
十堰 Shiyan	24510.67	17117.98	0.00	16905.00	525.00	750.49	20.50
宜昌 Yichang	25729.58	39104.71	0.00	3703.00	115.00	1419.01	15.95
襄阳 Xiangyang	29.40	38202.65	0.00	0.00	0.00	1359.81	8.17
鄂州 Ezhou	9101.43	9661.18	0.00	0.00	0.00	562.23	4.33
荆门 Jingmen	12248.74	18867.60	0.00	0.00	0.00	577.51	6.17
孝感 Xiaogan	10202.33	23338.92	0.00	0.00	0.00	999.50	7.35
荆州 Jingzhou	23115.44	26909.36	0.00	0.00	0.00	1009.39	10.32
黄冈 Huanggang	18893.36	25579.85	0.00	0.00	0.00	1127.44	9.61
咸宁 Xianning	13339.72	12933.67	0.00	0.00	0.00	630.52	5.73
随州 Suizhou	8003.69	11169.45	0.00	0.00	0.00	400.13	3.93

城市名称 City	HFC-410A/ kg	HFC-134a/ kg	HFC-23/ kg	CF_4/ kg	C_2F_6/ kg	SF_6/ kg	总含氟温室气体排放 / 万 t 二氧化碳当量 Total fluorinated greenhouse gases emissions /10^4 t CO_2-eq
长沙 Changsha	101225.11	120294.43	0.00	0.00	0.00	6048.43	49.33
株洲 Zhuzhou	24115.06	52740.23	0.00	0.00	0.00	1166.78	14.24
湘潭 Xiangtan	18540.14	37306.18	0.00	0.00	0.00	1295.72	11.46
衡阳 Hengyang	32540.80	74994.77	0.00	2898.00	90.00	1024.69	20.44
邵阳 Shaoyang	11496.53	41844.02	0.00	0.00	0.00	829.40	9.60
岳阳 Yueyang	22111.39	64426.50	0.00	71407.69	2217.63	1387.28	65.69
常德 Changde	29547.27	69789.49	0.00	55919.90	1736.64	1138.16	56.43
张家界 Zhangjiajie	3953.46	13623.40	0.00	0.00	0.00	223.30	3.06
益阳 Yiyang	6843.46	36605.06	0.00	0.00	0.00	419.62	7.06
郴州 Chenzhou	18184.75	51418.56	0.00	0.00	0.00	1267.12	13.16
永州 Yongzhou	12126.65	44167.76	0.00	0.00	0.00	670.25	9.65
怀化 Huaihua	10316.4[illegible]	36782.74	0.00	0.00	0.00	748.51	8.53
娄底 Loudi	14569.83	36339.26	0.00	0.00	0.00	782.20	9.37

城市名称 City	HFC-410A/ kg	HFC-134a/ kg	HFC-23/ kg	CF_4/ kg	C_2F_6/ kg	SF_6/ kg	总含氟温室气体排放/万t二氧化碳当量 Total fluorinated greenhouse gases emissions /10^4 t CO_2-eq
广州 Guangzhou	169536.51	259011.76	0.00	6776.16	210.44	14047.13	104.03
韶关 Shaoguan	16480.32	39615.82	0.00	0.00	0.00	1171.25	11.07
深圳 Shenzhen	140643.62	113085.72	0.00	0.00	0.00	10330.19	66.04
珠海 Zhuhai	24922.76	67426.25	0.00	0.00	0.00	2996.85	20.60
汕头 Shantou	9918.19	69853.01	0.00	0.00	0.00	3253.59	18.64
佛山 Foshan	65937.88	225699.93	0.00	0.00	0.00	8599.85	62.24
江门 Jiangmen	19119.84	91891.37	0.00	0.00	0.00	3381.84	23.57
湛江 Zhanjiang	20122.06	80443.15	0.00	0.00	0.00	2429.55	20.04
茂名 Maoming	28803.48	87244.92	0.00	0.00	0.00	1527.69	20.47
肇庆 Zhaoqing	12349.42	59544.00	0.00	0.00	0.00	2007.30	14.83
惠州 Huizhou	18855.91	101672.73	0.00	0.00	0.00	5073.34	28.77

城市名称 City	HFC-410A/ kg	HFC-134a/ kg	HFC-23/ kg	CF_4/ kg	C_2F_6/ kg	SF_6/ kg	总含氟温室气体排放 / 万 t 二氧化碳当量 Total fluorinated greenhouse gases emissions /10^4 t CO_2-eq
梅州 Meizhou	7162.02	35083.91	0.00	0.00	0.00	1202.72	8.77
汕尾 Shanwei	5751.89	25110.81	0.00	0.00	0.00	1099.83	6.96
河源 Heyuan	10475.89	27723.54	0.00	0.00	0.00	1240.78	8.54
阳江 Yangjiang	8058.54	36807.43	0.00	0.00	0.00	1478.26	9.81
清远 Qingyuan	10158.52	64420.82	0.00	12039.42	373.90	2474.55	24.54
东莞 Dongguan	105570.03	250574.31	0.00	0.00	0.00	9498.12	75.21
中山 Zhongshan	23728.61	107238.10	0.00	0.00	0.00	4286.47	28.58
潮州 Chaozhou	8658.71	32976.37	0.00	0.00	0.00	1458.06	9.38
揭阳 Jieyang	11500.91	59949.10	0.00	0.00	0.00	2465.43	15.80
云浮 Yunfu	13836.8[illegible]	23654.28	0.00	0.00	0.00	881.17	7.81

城市名称 City	HFC-410A/ kg	HFC-134a/ kg	HFC-23/ kg	CF_4/ kg	C_2F_6/ kg	SF_6/ kg	总含氟温室气体排放 / 万 t 二氧化碳当量 Total fluorinated greenhouse gases emissions /10^4 t CO_2-eq
南宁 Nanning	31449.04	105550.32	0.00	0.00	0.00	5105.75	31.77
柳州 Liuzhou	42166.74	45392.83	0.00	0.00	0.00	2388.27	19.63
桂林 Guilin	44679.02	64762.52	0.00	0.00	0.00	1402.00	20.31
梧州 Wuzhou	12756.43	32350.23	0.00	0.00	0.00	646.73	8.18
北海 Beihai	5205.89	23049.24	0.00	0.00	0.00	1315.59	7.09
防城港 Fangchenggang	4399.57	18039.53	0.00	0.00	0.00	611.90	4.63
钦州 Qinzhou	4609.49	30129.12	0.00	0.00	0.00	1109.52	7.41
贵港 Guigang	6299.47	32023.22	0.00	0.00	0.00	770.81	7.19
玉林 Yulin	19115.79	49148.07	0.00	0.00	0.00	1347.82	13.23
百色 Baise	11634.97	30700.67	0.00	70707.51	2195.89	1364.41	58.75
贺州 Hezhou	5313.53	17272.90	0.00	0.00	0.00	433.54	4.29
河池 Hechi	10043.40	23645.79	0.00	0.00	0.00	758.18	6.79
来宾 Laibin	7266.17	20731.52	0.00	47939.49	1488.80	720.50	39.22
崇左 Chongzuo	8089.73	22071.05	0.00	0.00	0.00	513.38	5.63

城市名称 City	HFC-410A/ kg	HFC-134a/ kg	HFC-23/ kg	CF_4/ kg	C_2F_6/ kg	SF_6/ kg	总含氟温室气体排放 / 万 t 二氧化碳当量 Total fluorinated greenhouse gases emissions /10^4 t CO_2-eq
成都 Chengdu	111302.42	217871.76	0.00	1497.30	46.50	13923.15	83.50
自贡 Zigong	13593.52	30783.68	123.97	0.00	0.00	565.88	8.10
攀枝花 Panzhihua	14707.03	30027.97	0.00	0.00	0.00	816.80	8.65
泸州 Luzhou	17656.96	35897.35	0.00	0.00	0.00	816.85	9.98
德阳 Deyang	15107.23	39503.21	0.00	0.00	0.00	1618.66	11.85
绵阳 Mianyang	31406.19	47562.02	0.00	0.00	0.00	1576.43	15.93
广元 Guangyuan	5820.51	14664.43	0.00	14230.23	441.93	750.30	14.71
遂宁 Suining	13375.67	22413.93	0.00	0.00	0.00	907.26	7.62
内江 Neijiang	13411.59	29706.46	0.00	0.00	0.00	849.75	8.44
乐山 Leshan	6325.92	36613.06	0.00	18595.50	577.50	1147.14	21.64

城市名称 City	HFC-410A/ kg	HFC-134a/ kg	HFC-23/ kg	CF_4/ kg	C_2F_6/ kg	SF_6/ kg	总含氟温室气体排放 / 万 t 二氧化碳当量 Total fluorinated greenhouse gases emissions /10^4 t CO_2-eq
南充 Nanchong	16825.58	36395.72	0.00	0.00	0.00	1652.37	11.85
眉山 Meishan	14927.55	26153.57	0.00	0.00	0.00	841.11	8.25
宜宾 Yibin	27309.18	42304.72	0.00	4025.00	125.00	916.22	15.71
广安 Guang'an	12329.75	23639.65	0.00	0.00	0.00	943.01	7.66
达州 Dazhou	20981.18	36654.39	0.00	0.00	0.00	959.40	11.06
雅安 Ya'an	14088.95	14414.74	0.00	0.00	0.00	495.97	5.75
巴中 Bazhong	17482.90	11691.90	0.00	0.00	0.00	342.05	5.69
资阳 Ziyang	9275.09	29024.22	0.00	0.00	0.00	611.84	7.00

城市名称 City	HFC-410A/ kg	HFC-134a/ kg	HFC-23/ kg	CF_4/ kg	C_2F_6/ kg	SF_6/ kg	总含氟温室气体排放 / 万 t 二氧化碳当量 Total fluorinated greenhouse gases emissions /10^4 t CO_2-eq
贵阳 Guiyang	11378.84	45555.31	0.00	49336.77	1532.20	4195.22	52.38
六盘水 Liupanshui	3357.83	17245.78	0.00	18680.88	580.15	1359.04	19.11
遵义 Zunyi	6539.05	32659.90	0.00	22925.83	711.98	2230.76	26.74
安顺 Anshun	2134.55	12830.12	0.00	16100.00	500.00	1433.30	16.68
毕节 Bijie	2774.07	23144.93	0.00	0.00	0.00	1248.51	6.48
铜仁 Tongren	4230.18	15425.32	0.00	0.00	0.00	871.45	4.87

城市名称 City	HFC-410A/kg	HFC-134a/kg	HFC-23/kg	CF_4/kg	C_2F_6/kg	SF_6/kg	总含氟温室气体排放/万t二氧化碳当量 Total fluorinated greenhouse gases emissions /10^4 t CO_2-eq
昆明 Kunming	6504.64	95628.74	0.00	177116.10	5500.50	7422.77	154.66
曲靖 Qujing	4496.25	70684.20	0.00	70051.04	2175.50	2557.21	64.92
玉溪 Yuxi	1431.06	54771.61	0.00	0.00	0.00	1738.33	11.48
保山 Baoshan	1123.46	15377.64	0.00	0.00	0.00	632.12	3.70
昭通 Zhaotong	5758.26	21847.45	0.00	0.00	0.00	1009.78	6.32
丽江 Lijiang	393.80	8952.90	0.00	0.00	0.00	788.74	3.09
普洱 Pu'er	1735.20	14558.32	0.00	0.00	0.00	648.44	3.75
临沧 Lincang	1572.74	11597.47	0.00	0.00	0.00	576.88	3.17

城市名称 City	HFC-410A/ kg	HFC-134a/ kg	HFC-23/ kg	CF_4/ kg	C_2F_6/ kg	SF_6/ kg	总含氟温室气体排放 / 万 t 二氧化碳当量 Total fluorinated greenhouse gases emissions /10^4 t CO_2-eq
西安 Xi'an	72403.56	104698.53	0.00	0.00	0.00	9293.16	49.38
铜川 Tongchuan	5313.10	11058.84	0.00	0.00	0.00	459.73	3.54
宝鸡 Baoji	14776.07	48279.13	0.00	0.00	0.00	1398.55	12.41
咸阳 Xianyang	16996.87	65437.30	0.00	0.00	0.00	2801.54	18.36
渭南 Weinan	10623.06	47016.57	0.00	3616.38	112.31	1839.85	15.00
延安 Yan'an	7548.44	34590.08	0.00	0.00	0.00	4787.75	17.20
汉中 Hanzhong	7720.60	29447.58	0.00	0.00	0.00	1166.83	8.06
榆林 Yulin	10543.06	66823.36	0.00	97549.07	3029.47	6437.80	93.88
安康 Ankang	3468.85	16684.54	0.00	0.00	0.00	549.76	4.13
商洛 Shangluo	6118.82	16760.91	0.00	0.00	0.00	309.23	4.08

城市名称 City	HFC-410A/ kg	HFC-134a/ kg	HFC-23/ kg	CF_4/ kg	C_2F_6/ kg	SF_6/ kg	总含氟温室气体排放 / 万 t 二氧化碳当量 Total fluorinated greenhouse gases emissions /10^4 t CO_2-eq
兰州 Lanzhou	13231.70	41706.62	0.00	64888.68	2015.18	3670.17	61.85
嘉峪关 Jiayuguan	692.14	9440.53	0.00	197397.27	6130.35	649.67	140.57
金昌 Jinchang	919.46	13536.04	0.00	0.00	0.00	535.37	3.19
白银 Baiyin	3130.43	17822.46	0.00	0.00	0.00	682.68	4.52
天水 Tianshui	2014.48	17870.92	0.00	0.00	0.00	818.10	4.63
武威 Wuwei	975.51	15071.96	0.00	0.00	0.00	778.00	3.98
张掖 Zhangye	2259.72	11202.27	0.00	0.00	0.00	610.21	3.33
平凉 Pingliang	2426.87	13251.27	0.00	0.00	0.00	613.75	3.63
酒泉 Jiuquan	2924.83	29548.54	0.00	0.00	0.00	1291.49	7.44
庆阳 Qingyang	3031.92	20128.06	0.00	0.00	0.00	2158.76	8.27
定西 Dingxi	855.77	8954.25	0.00	35513.65	1102.91	681.80	27.70
陇南 Longnan	1760.28	10103.00	0.00	0.00	0.00	491.63	2.81

城市名称 City	HFC-410A/ kg	HFC-134a/ kg	HFC-23/ kg	CF_4/ kg	C_2F_6/ kg	SF_6/ kg	总含氟温室气体排放/万 t 二氧化碳当量 Total fluorinated greenhouse gases emissions /10^4 t CO_2-eq
银川 Yinchuan	7804.90	45932.76	0.00	71332.66	2215.30	4962.12	68.89
石嘴山 Shizuishan	1578.14	17248.86	0.00	0.00	0.00	900.86	4.66
吴忠 Wuzhong	1213.23	13065.17	0.00	71323.00	2215.00	1388.02	54.94
固原 Guyuan	777.40	6548.50	0.00	0.00	0.00	624.18	2.47
中卫 Zhongwei	777.01	9912.35	0.00	60986.80	1894.00	798.46	45.85

城市名称 City	HFC-410A/ kg	HFC-134a/ kg	HFC-23/ kg	CF_4/ kg	C_2F_6/ kg	SF_6/ kg	总含氟温室气体排放 / 万 t 二氧化碳当量 Total fluorinated greenhouse gases emissions /10^4 t CO_2-eq
海口 Haikou	31502.52	34961.46	0.00	0.00	0.00	2138.73	15.63
三亚 Sanya	11367.45	13996.26	0.00	0.00	0.00	1150.27	6.71
儋州 Danzhou	0.00	18557.72	0.00	0.00	0.00	801.21	4.30
拉萨 Lhasa	569.18	9557.68	0.00	0.00	0.00	1096.66	3.93
日喀则 Shigatse	0.01	4693.23	0.00	0.00	0.00	249.78	1.20
昌都 Changdu	11.82	2492.24	0.00	0.00	0.00	168.56	0.72
林芝 Linzhi	0.00	3150.74	0.00	0.00	0.00	207.08	0.90
西宁 Xining	2776.00	27458.24	0.00	248899.17	7729.79	2138.08	182.73
海东 Haidong	1199.55	9906.98	0.00	71698.13	2226.65	719.92	53.22
乌鲁木齐 Urumqi	4247.89	61977.94	0.00	23565.57	731.85	6848.29	41.40
克拉玛依 Karamay	1090.77	27261.95	0.00	0.00	0.00	3192.84	11.26
吐鲁番 Turpan	2545.36	10796.23	0.00	0.00	0.00	1157.77	4.61

第五部分 温室气体总排放

Part V　Greenhouse Gases Emissions

单位：万 t 二氧化碳当量 (unit: 10^4 t CO_2-eq)

城市名称 City	二氧化碳 CO_2	甲烷 CH_4	氧化亚氮 N_2O	含氟温室气体 Fluorinated greenhouse gases	林业碳汇 Forestry carbon sequestration	温室气体总排放 Total greenhouse gases emissions	人均排放 /（二氧化碳当量 t/ 人） Per capita emissions/ (t CO_2-eq / person)
北京 Beijing	15904.02	363.73	50.45	179.84	-273.16	16224.88	7.48
天津 Tianjin	20342.02	188.91	70.90	126.41	-47.13	20681.11	13.37
上海 Shanghai	27677.32	543.79	62.58	234.72	-17.49	28500.92	11.80
重庆 Chongqing	20386.67	3212.29	1569.59	111.34	-875.39	24404.49	8.09

单位：万 t 二氧化碳当量 (unit: 10^4 t CO_2-eq)

城市名称 City	二氧化碳 CO_2	甲烷 CH_4	氧化亚氮 N_2O	含氟温室气体 Fluorinated greenhouse gases	林业碳汇 Forestry carbon sequestration	温室气体总排放 Total greenhouse gases emissions	人均排放 /（二氧化碳当量 t/ 人）Per capita emissions/ (t CO_2-eq /person)
石家庄 Shijiazhuang	13289.42	418.62	183.03	50.38	-87.38	13854.07	12.95
唐山 Tangshan	20622.88	568.84	1293.46	58.88	-79.97	22464.10	28.80
秦皇岛 Qinhuangdao	3038.34	89.79	41.08	14.91	-130.32	3053.80	9.94
邯郸 Handan	11834.88	516.89	127.02	34.41	-47.45	12465.75	11.88
邢台 Xingtai	3214.60	246.88	93.87	20.54	-67.97	3507.92	4.81
保定 Baoding	4832.01	206.05	125.98	38.18	-142.52	5059.70	4.89
张家口 Zhangjiakou	5568.34	282.10	57.76	18.38	-203.38	5723.20	12.94
承德 Chengde	4319.79	228.36	62.35	13.74	-572.44	4051.79	11.48
沧州 Cangzhou	4963.96	152.02	101.37	29.64	-30.28	5216.70	6.74
廊坊 Langfang	3409.75	108.33	53.95	27.34	-23.50	3575.86	7.77
衡水 Hengshui	1928.37	125.72	72.98	11.52	-28.65	2109.93	4.76

单位：万 t 二氧化碳当量 (unit: 10^4 t CO_2-eq)

城市名称 City	二氧化碳 CO_2	甲烷 CH_4	氧化亚氮 N_2O	含氟温室气体 Fluorinated greenhouse gases	林业碳汇 Forestry carbon sequestration	温室气体总排放 Total greenhouse gases emissions	人均排放 /（二氧化碳当量 t/ 人）Per capita emissions/ (t CO_2-eq / person)
太原 Taiyuan	8298.11	6881.33	17.61	27.60	-26.25	15198.41	35.19
大同 Datong	6083.20	140.20	30.57	14.72	-36.32	6232.37	18.30
阳泉 Yangquan	2366.86	4389.10	4.32	17.16	-4.91	6772.53	48.43
长治 Changzhi	4147.86	1953.93	39.18	15.33	-56.18	6100.11	17.83
晋城 Jincheng	2217.85	3713.25	19.42	9.36	-85.12	5874.76	25.38
朔州 Shuozhou	4129.78	198.85	25.03	11.54	-22.78	4342.42	24.64
晋中 Jinzhong	4978.28	2006.84	29.80	14.70	-48.49	6981.13	20.93
运城 Yuncheng	7909.42	47.63	54.48	93.19	31.14	8135.86	15.42
忻州 Xinzhou	3067.82	353.23	35.69	10.00	-73.44	3393.31	10.80
临汾 Linfen	16591.25	393.08	33.92	12.96	-66.18	16965.03	38.25
吕梁 Lvliang	2374.58	695.33	27.37	12.53	-87.63	3022.19	7.89

单位：万 t 二氧化碳当量 (unit: 10^4 t CO_2-eq)

城市名称 City	二氧化碳 CO_2	甲烷 CH_4	氧化亚氮 N_2O	含氟温室气体 Fluorinated greenhouse gases	林业碳汇 Forestry carbon sequestration	温室气体总排放 Total greenhouse gases emissions	人均排放 /（二氧化碳当量 t/ 人）Per capita emissions/ (t CO_2-eq / person)
呼和浩特 Hohhot	6175.48	269.40	44.95	22.59	66.51	6578.94	21.50
包头 Baotou	8995.07	137.23	28.99	81.09	47.44	9289.82	32.83
乌海 Wuhai	4574.75	229.63	1.24	5.23	-0.08	4810.78	86.56
赤峰 Chifeng	5684.78	452.03	127.99	13.93	-4.96	6273.77	14.59
通辽 Tongliao	7419.61	541.74	179.80	144.18	179.94	8465.26	27.13
鄂尔多斯 Ordos	13417.98	489.29	53.00	29.34	42.47	14032.08	68.61
呼伦贝尔 Hulunbuir	8339.43	747.93	100.90	12.36	-3924.04	5276.58	20.88
巴彦淖尔 Bayannur	1837.17	489.78	127.27	7.17	300.88	2762.28	16.47
乌兰察布 Ulanqab	5326.43	185.41	46.35	7.74	89.07	5655.00	26.78

单位：万 t 二氧化碳当量 (unit: 10^4 t CO_2-eq)

城市名称 City	二氧化碳 CO_2	甲烷 CH_4	氧化亚氮 N_2O	含氟温室气体 Fluorinated greenhouse gases	林业碳汇 Forestry carbon sequestration	温室气体总排放 Total greenhouse gases emissions	人均排放 /（二氧化碳当量 t/ 人）Per capita emissions/ (t CO_2-eq / person)
沈阳 Shenyang	6686.68	2161.40	142.67	47.33	-34.40	9003.68	10.86
大连 Dalian	6301.47	115.38	96.77	47.66	-119.92	6441.36	9.22
鞍山 Anshan	5768.48	127.44	58.83	18.18	-107.82	5865.11	16.25
抚顺 Fushun	6021.08	329.07	19.24	11.98	-137.86	6243.50	30.15
本溪 Benxi	3401.08	63.77	13.43	9.03	-117.28	3370.03	19.60
丹东 Dandong	1494.48	84.09	37.49	12.43	-214.83	1413.66	5.86
锦州 Jinzhou	1915.78	142.07	100.93	10.41	-37.38	2131.81	6.95
营口 Yingkou	3961.06	56.42	27.36	47.10	-61.54	4030.39	16.50
阜新 Fuxin	2157.17	1042.41	77.08	4.81	-35.83	3245.65	18.25
辽阳 Liaoyang	3299.16	63.83	36.89	13.06	-36.08	3376.86	18.29
盘锦 Panjin	6175.66	89.20	22.74	11.46	-4.15	6294.90	43.81
铁岭 Tieling	3655.86	184.22	92.08	11.48	-82.02	3861.61	14.56
朝阳 Chaoyang	2784.27	270.86	110.35	10.03	-180.00	2995.51	10.15
葫芦岛 Huludao	2873.50	107.38	46.90	7.26	-99.50	2935.54	11.48

单位：万 t 二氧化碳当量 (unit: 10^4 t CO_2-eq)

城市名称 City	二氧化碳 CO_2	甲烷 CH_4	氧化亚氮 N_2O	含氟温室气体 Fluorinated greenhouse gases	林业碳汇 Forestry carbon sequestration	温室气体总排放 Total greenhouse gases emissions	人均排放 /（二氧化碳当量 t/ 人）Per capita emissions/ (t CO_2-eq /person)
长春 Changchun	5781.43	582.86	256.71	36.30	-8.67	6648.63	8.82
吉林 Jilin	6335.60	233.73	137.20	19.41	-360.10	6365.84	14.93
四平 Siping	2195.13	300.04	171.52	11.53	-28.00	2650.22	8.10
辽源 Liaoyuan	801.79	169.85	36.41	3.56	-38.91	972.71	8.05
通化 Tonghua	1949.68	142.09	57.41	6.52	-259.05	1896.65	8.58
白山 Baishan	2773.17	492.88	10.84	4.05	-427.13	2853.81	22.65
松原 Songyuan	1825.78	201.96	55.16	12.47	-10.06	2085.31	7.50
白城 Baicheng	1112.61	142.55	79.16	6.14	-10.91	1329.55	6.76

单位：万 t 二氧化碳当量 (unit: 10^4 t CO_2-eq)

城市名称 City	二氧化碳 CO_2	甲烷 CH_4	氧化亚氮 N_2O	含氟温室气体 Fluorinated greenhouse gases	林业碳汇 Forestry carbon sequestration	温室气体总排放 Total greenhouse gases emissions	人均排放 /（二氧化碳当量 t/ 人）Per capita emissions/ (t CO_2-eq / person)
哈尔滨 Harbin	7026.48	1076.45	209.74	53.78	-891.22	7475.23	6.81
齐齐哈尔 Qiqihar	2698.95	497.70	147.90	14.50	-229.68	3129.35	6.19
鸡西 Jixi	1611.02	555.60	26.79	5.95	-355.06	1844.30	10.01
鹤岗 Hegang	1821.86	335.02	11.64	3.38	-299.01	1872.88	18.06
双鸭山 Shuangyashan	1983.08	298.82	26.01	5.55	-444.98	1868.49	12.81
大庆 Daqing	5008.17	172.27	68.16	35.20	-88.94	5194.87	16.32
伊春 Yichun	866.51	50.36	12.74	3.01	-1128.71	-196.10	-1.79
佳木斯 Jiamusi	1668.88	540.04	94.76	9.49	-241.67	2071.50	8.72
七台河 Qitaihe	3553.29	191.22	15.57	4.16	-132.37	3631.87	43.70
牡丹江 Mudanjiang	1916.82	176.78	45.82	10.74	-1073.14	1077.02	3.90
黑河 Heihe	945.55	151.55	45.12	4.17	-1173.11	-26.72	-0.16
绥化 Suihua	1170.41	546.45	190.17	11.28	-303.77	1614.54	2.94

单位：万 t 二氧化碳当量 (unit: 10^4 t CO_2-eq)

城市名称 City	二氧化碳 CO_2	甲烷 CH_4	氧化亚氮 N_2O	含氟温室气体 Fluorinated greenhouse gases	林业碳汇 Forestry carbon sequestration	温室气体总排放 Total greenhouse gases emissions	人均排放 /（二氧化碳当量 t/ 人）Per capita emissions/ (t CO_2-eq / person)
南京 Nanjing	8805.13	257.87	54.73	76.80	-131.57	9062.96	11.00
无锡 Wuxi	7986.91	157.76	34.97	74.62	-90.57	8163.68	12.54
徐州 Xuzhou	8965.52	413.12	205.29	44.46	-148.79	9479.59	10.94
常州 Changzhou	5774.28	160.30	19.61	43.07	-62.35	5934.92	12.62
苏州 Suzhou	16439.32	231.72	68.98	137.13	-57.83	16819.32	15.84
南通 Nantong	5470.26	399.71	84.25	55.09	-15.65	5993.66	8.21
连云港 Lianyungang	3337.71	199.72	80.41	19.14	-68.16	3568.81	7.98
淮安 Huai'an	3799.94	224.36	114.06	21.73	-78.01	4082.08	8.38
盐城 Yancheng	3726.40	443.19	532.42	35.47	-36.25	4701.23	6.50
扬州 Yangzhou	3098.20	295.72	64.12	31.03	-26.55	3462.52	7.72
镇江 Zhenjiang	5057.87	143.84	18.59	52.91	-78.14	5195.07	16.35
泰州 Taizhou	3320.21	308.12	59.50	539.17	-16.08	4210.91	9.07
宿迁 Suqian	1803.59	184.91	116.10	19.43	-37.82	2086.21	4.30

单位：万 t 二氧化碳当量 (unit: 10^4 t CO_2-eq)

城市名称 City	二氧化碳 CO_2	甲烷 CH_4	氧化亚氮 N_2O	含氟温室气体 Fluorinated greenhouse gases	林业碳汇 Forestry carbon sequestration	温室气体总排放 Total greenhouse gases emissions	人均排放 /（二氧化碳当量 t/ 人）Per capita emissions/ (t CO_2-eq /person)
杭州 Hangzhou	8653.91	301.50	94.91	85.44	-427.88	8707.88	9.66
宁波 Ningbo	13585.48	205.44	49.06	83.81	-237.56	13686.23	17.49
温州 Wenzhou	3114.92	118.82	33.11	44.73	-254.27	3057.30	3.35
嘉兴 Jiaxing	4260.91	186.93	38.07	36.85	-79.79	4442.98	9.69
湖州 Huzhou	3683.97	161.50	23.75	23.60	-166.92	3725.89	12.63
绍兴 Shaoxing	4819.41	166.23	40.14	42.65	-201.51	4866.92	9.80
金华 Jinhua	3525.57	218.79	34.89	2339.61	-260.02	5858.84	10.74
衢州 Quzhou	3486.07	102.79	120.80	22.25	-213.72	3518.19	16.49
舟山 Zhoushan	2187.47	14.80	2.29	8.74	-21.64	2191.66	19.02
台州 Taizhou	2719.10	158.57	32.27	35.25	-235.33	2709.85	4.48
丽水 Lishui	895.54	84.18	19.74	9.81	-450.07	559.20	2.61

单位：万 t 二氧化碳当量 (unit: 10^4 t CO_2-eq)

城市名称 City	二氧化碳 CO_2	甲烷 CH_4	氧化亚氮 N_2O	含氟温室气体 Fluorinated greenhouse gases	林业碳汇 Forestry carbon sequestration	温室气体总排放 Total greenhouse gases emissions	人均排放 /（二氧化碳当量 t/ 人）Per capita emissions/ (t CO_2-eq / person)
合肥 Hefei	5165.61	1300.93	89.86	56.06	-66.93	6545.53	8.40
芜湖 Wuhu	4412.30	131.45	45.97	17.35	-37.24	4569.83	12.51
蚌埠 Bengbu	1671.52	119.28	77.77	14.88	-12.46	1871.00	5.69
淮南 Huainan	5717.27	1105.01	135.49	11.63	-5.46	6963.94	20.30
马鞍山 Ma'anshan	4388.14	76.47	21.49	9.97	-8.29	4487.78	19.84
淮北 Huaibei	8942.28	292.58	25.85	8.00	-7.30	9261.40	42.50
铜陵 Tongling	3613.38	31.05	16.68	4.15	-9.03	3656.24	22.97
安庆 Anqing	3245.01	408.15	64.50	17.59	-227.44	3507.80	7.65
黄山 Huangshan	477.29	90.03	17.81	4.13	-378.34	210.92	1.54
滁州 Chuzhou	1500.60	510.99	120.13	14.98	-68.69	2078.00	5.17
阜阳 Fuyang	2182.99	372.21	107.00	34.36	-27.87	2668.68	3.38
宿州 Suzhou	1753.34	408.03	110.61	11.98	-28.77	2255.18	4.07
六安 Lu'an	1298.66	563.81	80.45	13.79	-174.45	1782.25	3.76
亳州 Bozhou	861.36	101.61	75.43	11.96	-20.94	1029.43	2.04
池州 Chizhou	1998.80	117.34	113.87	5.07	-163.12	2071.97	14.43
宣城 Xuancheng	2253.39	231.30	39.80	7.93	-384.38	2148.05	8.29

单位：万 t 二氧化碳当量 (unit: 10^4 t CO_2-eq)

城市名称 City	二氧化碳 CO_2	甲烷 CH_4	氧化亚氮 N_2O	含氟温室气体 Fluorinated greenhouse gases	林业碳汇 Forestry carbon sequestration	温室气体总排放 Total greenhouse gases emissions	人均排放 /（二氧化碳当量 t/ 人）Per capita emissions/ (t CO_2-eq / person)
福州 Fuzhou	4917.31	190.14	78.77	42.40	-344.29	4884.33	6.51
厦门 Xiamen	2373.16	49.76	10.29	28.50	-45.85	2415.87	6.26
莆田 Putian	873.84	77.30	32.15	17.15	-110.85	889.58	3.10
三明 Sanming	3177.14	162.10	74.54	12.88	-547.30	2879.36	11.38
泉州 Quanzhou	5798.61	181.04	70.70	58.63	-284.90	5824.08	6.84
漳州 Zhangzhou	3856.91	156.42	136.66	22.91	-359.87	3813.02	7.63
南平 Nanping	1832.48	263.83	110.37	10.28	-627.88	1589.07	6.02
龙岩 Longyan	3205.64	127.72	38.57	15.81	-567.51	2820.22	10.81
宁德 Ningde	1633.95	98.83	40.60	10.64	-303.32	1480.71	5.16

单位：万 t 二氧化碳当量 (unit: 10^4 t CO_2-eq)

城市名称 City	二氧化碳 CO_2	甲烷 CH_4	氧化亚氮 N_2O	含氟温室气体 Fluorinated greenhouse gases	林业碳汇 Forestry carbon sequestration	温室气体总排放 Total greenhouse gases emissions	人均排放 /（二氧化碳当量 t/ 人）Per capita emissions/ (t CO_2-eq / person)
南昌 Nanchang	2882.53	545.42	58.02	23.49	-95.44	3414.03	6.44
景德镇 Jingdezhen	1825.05	101.75	12.18	5.91	-72.83	1872.07	11.41
萍乡 Pingxiang	1609.75	166.42	19.51	6.01	-62.40	1739.30	9.15
九江 Jiujiang	3114.71	218.96	48.64	11.71	-193.78	3200.25	6.63
新余 Xinyu	2294.27	114.02	17.64	6.29	-58.36	2373.85	20.35
鹰潭 Yingtan	861.48	71.93	17.65	3.61	-47.69	906.98	7.86
赣州 Ganzhou	2494.99	407.61	105.38	449.67	-477.11	2980.55	3.49
吉安 Ji'an	1616.07	473.77	91.64	9.49	-296.98	1893.99	3.87
宜春 Yichun	3949.24	558.80	101.25	16.24	-307.24	4318.29	7.83
抚州 Fuzhou	1275.04	275.81	63.90	8.09	-216.87	1405.97	3.52
上饶 Shangrao	2532.65	436.03	61.97	13.46	-285.92	2758.19	4.11

单位：万 t 二氧化碳当量 (unit: 10^4 t CO_2-eq)

城市名称 City	二氧化碳 CO_2	甲烷 CH_4	氧化亚氮 N_2O	含氟温室气体 Fluorinated greenhouse gases	林业碳汇 Forestry carbon sequestration	温室气体总排放 Total greenhouse gases emissions	人均排放 /（二氧化碳当量 t/ 人）Per capita emissions/ (t CO_2-eq / person)
济南 Jinan	7325.92	360.02	93.14	47.54	-91.56	7735.05	10.85
青岛 Qingdao	8109.07	341.96	74.74	79.75	-113.42	8492.10	9.34
淄博 Zibo	8371.70	97.06	694.64	3233.06	-101.71	12294.75	26.49
枣庄 Zaozhuang	5195.20	95.43	101.47	19.67	-43.45	5368.31	13.84
东营 Dongying	3558.40	90.94	32.53	27.96	-22.27	3687.57	17.47
烟台 Yantai	6209.38	128.54	94.86	146.44	-282.50	6296.72	8.98
潍坊 Weifang	9986.62	212.21	136.68	48.01	-136.96	10246.58	11.04
济宁 Jining	10089.63	286.10	108.60	59.13	-75.93	10467.54	12.61
泰安 Tai'an	6634.09	209.91	100.34	27.98	-70.98	6901.35	12.32
威海 Weihai	2498.71	50.31	25.59	22.72	-148.56	2448.77	8.73
日照 Rizhao	3518.64	83.87	34.95	15.38	-95.84	3557.00	12.35
莱芜 Laiwu	4390.29	44.01	11.61	6.89	-36.04	4416.76	32.68
临沂 Linyi	7580.56	215.37	119.46	65.15	-184.81	7795.72	7.56
德州 Dezhou	5735.16	336.98	321.48	29.94	-70.06	6353.51	11.06
聊城 Liaocheng	6287.65	147.80	93.07	397.25	-66.76	6859.01	11.49
滨州 Binzhou	16661.58	149.81	68.63	33.23	-42.94	16870.32	43.72
菏泽 Heze	3378.58	340.51	898.36	21.89	-98.47	4540.88	5.34

单位：万 t 二氧化碳当量 (unit: 10^4 t CO_2-eq)

城市名称 City	二氧化碳 CO_2	甲烷 CH_4	氧化亚氮 N_2O	含氟温室气体 Fluorinated greenhouse gases	林业碳汇 Forestry carbon sequestration	温室气体总排放 Total greenhouse gases emissions	人均排放 /（二氧化碳当量 t/ 人）Per capita emissions/ (t CO_2-eq / person)
郑州 Zhengzhou	7407.59	1272.37	53.29	356.49	-69.76	9019.97	9.43
开封 Kaifeng	2143.42	244.79	120.36	16.66	-25.06	2500.17	5.51
洛阳 Luoyang	7718.07	344.07	73.39	163.17	-244.74	8053.96	11.95
平顶山 Pingdingshan	9631.92	255.42	86.59	17.66	-93.63	9897.95	19.96
安阳 Anyang	4589.73	222.17	76.91	45.66	-42.51	4891.97	9.56
鹤壁 Hebi	3269.75	96.09	28.14	6.20	-13.63	3386.55	21.09
新乡 Xinxiang	4529.85	245.15	143.74	20.71	-44.45	4895.00	8.56
焦作 Jiaozuo	4570.35	316.72	41.46	338.35	-33.51	5233.37	14.81
濮阳 Puyang	1571.20	122.61	66.05	13.48	-18.27	1755.08	4.86
许昌 Xuchang	3441.89	245.53	65.81	24.18	-26.05	3751.36	8.64
漯河 Luohe	1044.84	86.52	42.76	9.68	-11.41	1172.39	4.47
三门峡 Sanmenxia	4406.58	200.39	30.71	38.88	-182.16	4494.40	20.01
南阳 Nanyang	3670.03	525.97	200.73	47.34	-407.28	4036.79	4.03
商丘 Shangqiu	5161.52	352.13	157.38	18.59	-52.47	5637.15	7.75
信阳 Xinyang	1893.00	584.90	138.19	19.62	-346.44	2289.28	3.58
周口 Zhoukou	1132.60	345.77	174.04	17.16	-52.79	1616.78	1.84
驻马店 Zhumadian	2620.64	478.82	165.26	17.35	-115.47	3166.61	4.55

单位：万 t 二氧化碳当量 (unit: 10^4 t CO_2-eq)

城市名称 City	二氧化碳 CO_2	甲烷 CH_4	氧化亚氮 N_2O	含氟温室气体 Fluorinated greenhouse gases	林业碳汇 Forestry carbon sequestration	温室气体总排放 Total greenhouse gases emissions	人均排放／（二氧化碳当量 t/人） Per capita emissions/ (t CO_2-eq / person)
武汉 Wuhan	9442.73	287.65	50.78	58.31	-49.97	9789.50	9.23
黄石 Huangshi	2954.38	106.77	25.05	6.81	-52.54	3040.48	12.37
十堰 Shiyan	1193.94	176.61	60.51	20.50	-388.13	1063.42	3.14
宜昌 Yichang	3141.76	242.45	93.34	15.95	-463.81	3029.69	7.36
襄阳 Xiangyang	2318.79	342.69	199.09	8.17	-261.88	2606.85	4.64
鄂州 Ezhou	2128.24	277.84	75.65	4.33	-9.60	2476.46	23.37
荆门 Jingmen	2055.90	330.44	76.78	6.17	-123.56	2345.73	8.10
孝感 Xiaogan	1494.00	335.13	90.48	7.35	-56.28	1870.68	3.83
荆州 Jingzhou	1806.01	510.78	111.29	10.32	-59.84	2378.56	4.17
黄冈 Huanggang	2111.58	523.38	135.69	9.61	-207.00	2573.26	4.09
咸宁 Xianning	1734.83	157.01	44.47	5.73	-131.81	1810.23	7.22
随州 Suizhou	510.32	169.30	67.39	3.93	-130.46	620.48	2.83

单位：万 t 二氧化碳当量 (unit: 10^4 t CO_2-eq)

城市名称 City	二氧化碳 CO_2	甲烷 CH_4	氧化亚氮 N_2O	含氟温室气体 Fluorinated greenhouse gases	林业碳汇 Forestry carbon sequestration	温室气体总排放 Total greenhouse gases emissions	人均排放 /（二氧化碳当量 t/ 人）Per capita emissions/ (t CO_2-eq / person)
长沙 Changsha	2884.27	507.84	78.69	49.33	-221.88	3298.25	4.44
株洲 Zhuzhou	1257.25	283.37	54.58	14.24	-193.04	1416.41	3.54
湘潭 Xiangtan	4019.60	195.79	52.95	11.46	-83.66	4196.14	14.86
衡阳 Hengyang	2537.16	553.48	130.29	20.44	-203.98	3037.38	4.14
邵阳 Shaoyang	1395.51	598.89	123.96	9.60	-296.18	1831.77	2.52
岳阳 Yueyang	3626.34	451.10	103.64	65.69	-173.92	4072.86	7.24
常德 Changde	1919.76	586.30	159.46	56.43	-232.06	2489.89	4.26
张家界 Zhangjiajie	350.68	113.35	24.45	3.06	-118.19	373.35	2.45
益阳 Yiyang	1547.77	375.71	97.59	7.06	-192.87	1835.25	4.16
郴州 Chenzhou	2034.90	502.05	72.12	13.16	-284.46	2337.77	4.94
永州 Yongzhou	1655.84	501.81	121.56	9.65	-278.37	2010.50	3.70
怀化 Huaihua	1028.75	319.98	62.28	8.53	-379.63	1039.90	2.12
娄底 Loudi	3735.29	531.42	56.57	9.37	-130.81	4201.84	10.85

单位：万 t 二氧化碳当量 (unit: 10^4 t CO_2-eq)

城市名称 City	二氧化碳 CO_2	甲烷 CH_4	氧化亚氮 N_2O	含氟温室气体 Fluorinated greenhouse gases	林业碳汇 Forestry carbon sequestration	温室气体总排放 Total greenhouse gases emissions	人均排放/（二氧化碳当量 t/人） Per capita emissions/ (t CO_2-eq / person)
广州 Guangzhou	8084.86	255.72	48.89	104.03	-51.26	8442.25	6.25
韶关 Shaoguan	2729.75	191.31	46.05	11.07	-211.57	2766.61	9.44
深圳 Shenzhen	4644.50	168.06	1.74	66.04	-13.61	4866.73	4.28
珠海 Zhuhai	2157.23	40.45	7.39	20.60	-6.16	2219.51	13.58
汕头 Shantou	2207.17	55.82	32.33	18.64	-8.82	2305.14	4.15
佛山 Foshan	5614.21	98.43	51.83	62.24	-13.08	5813.63	7.82
江门 Jiangmen	3984.16	164.36	48.35	23.57	-72.08	4148.37	9.18
湛江 Zhanjiang	4021.14	256.95	180.30	20.04	-71.23	4407.19	6.09
茂名 Maoming	1742.84	227.62	161.92	20.47	-100.00	2052.85	3.38
肇庆 Zhaoqing	2564.40	213.83	113.00	14.83	-188.81	2717.25	6.69
惠州 Huizhou	6208.80	166.43	45.05	28.77	-150.53	6298.52	13.24

单位：万 t 二氧化碳当量 (unit: 10^4 t CO_2-eq)

城市名称 City	二氧化碳 CO_2	甲烷 CH_4	氧化亚氮 N_2O	含氟温室气体 Fluorinated greenhouse gases	林业碳汇 Forestry carbon sequestration	温室气体总排放 Total greenhouse gases emissions	人均排放 /（二氧化碳当量 t/ 人）Per capita emissions/ (t CO_2-eq / person)
梅州 Meizhou	2952.41	165.09	61.72	8.77	-239.54	2948.44	6.79
汕尾 Shanwei	1609.67	82.37	16.69	6.96	-45.94	1669.74	5.53
河源 Heyuan	967.99	134.77	76.88	8.54	-226.87	961.30	3.13
阳江 Yangjiang	1821.80	159.31	58.25	9.81	-78.29	1970.88	7.85
清远 Qingyuan	4013.17	278.00	83.17	24.54	-201.08	4197.79	10.95
东莞 Dongguan	8127.69	50.90	10.09	75.21	-10.32	8253.57	10.00
中山 Zhongshan	2169.87	47.66	36.79	28.58	-4.85	2278.05	7.10
潮州 Chaozhou	1655.29	91.85	25.89	9.38	-31.41	1751.01	6.63
揭阳 Jieyang	1908.12	92.75	62.80	15.80	-46.92	2032.54	3.35
云浮 Yunfu	1952.81	101.09	66.45	7.81	-83.41	2044.74	8.31

单位：万 t 二氧化碳当量 (unit: 10^4 t CO_2-eq)

城市名称 City	二氧化碳 CO_2	甲烷 CH_4	氧化亚氮 N_2O	含氟温室气体 Fluorinated greenhouse gases	林业碳汇 Forestry carbon sequestration	温室气体总排放 Total greenhouse gases emissions	人均排放 /（二氧化碳当量 t/ 人） Per capita emissions/ (t CO_2-eq / person)
南宁 Nanning	2134.53	465.21	205.27	31.77	-427.83	2408.95	3.45
柳州 Liuzhou	3088.76	184.85	103.15	19.63	-291.09	3105.30	7.92
桂林 Guilin	1385.73	366.05	97.09	20.31	-512.24	1356.93	2.73
梧州 Wuzhou	379.00	84.14	41.03	8.18	-292.91	219.43	0.73
北海 Beihai	813.35	97.89	23.91	7.09	-79.80	862.45	5.31
防城港 Fangchenggang	1513.08	37.09	23.41	4.63	-141.53	1436.67	15.64
钦州 Qinzhou	3349.26	135.60	58.22	7.41	-220.77	3329.72	10.38
贵港 Guigang	2548.43	240.50	92.33	7.19	-216.63	2671.81	6.22
玉林 Yulin	1664.21	276.99	145.09	13.23	-288.65	1810.87	3.17
百色 Baise	2122.73	349.96	77.19	58.75	-735.58	1873.05	5.21
贺州 Hezhou	1065.91	247.35	88.89	4.29	-218.75	1187.68	5.86
河池 Hechi	457.84	295.45	78.92	6.79	-507.56	331.43	0.95
来宾 Laibin	1302.37	255.67	89.69	39.22	-196.60	1490.34	6.83
崇左 Chongzuo	1240.36	191.48	95.79	5.63	-371.95	1161.31	5.65

单位：万 t 二氧化碳当量 (unit: 10^4 t CO_2-eq)

城市名称 City	二氧化碳 CO_2	甲烷 CH_4	氧化亚氮 N_2O	含氟温室气体 Fluorinated greenhouse gases	林业碳汇 Forestry carbon sequestration	温室气体总排放 Total greenhouse gases emissions	人均排放 /（二氧化碳当量 t/ 人） Per capita emissions/ (t CO_2-eq / person)
成都 Chengdu	9049.67	477.21	99.70	83.50	-100.15	9609.94	6.56
自贡 Zigong	650.51	75.29	40.24	8.10	-22.62	751.52	2.71
攀枝花 Panzhihua	2034.12	105.76	16.11	8.65	-121.38	2043.26	16.58
泸州 Luzhou	1851.58	680.11	82.01	9.98	-73.52	2550.16	5.95
德阳 Deyang	1357.86	186.85	80.11	11.85	-26.73	1609.93	4.58
绵阳 Mianyang	1571.73	244.61	110.45	15.93	-151.93	1790.79	3.75
广元 Guangyuan	1120.77	264.16	63.77	14.71	-91.77	1371.65	5.21
遂宁 Suining	599.66	98.65	61.35	7.62	-15.50	751.78	2.29
内江 Neijiang	4014.11	303.95	64.54	8.44	-13.93	4377.10	11.70
乐山 Leshan	2687.40	547.63	52.76	21.64	-137.21	3172.22	9.73

单位：万 t 二氧化碳当量 (unit: 10^4 t CO_2-eq)

城市名称 City	二氧化碳 CO_2	甲烷 CH_4	氧化亚氮 N_2O	含氟温室气体 Fluorinated greenhouse gases	林业碳汇 Forestry carbon sequestration	温室气体总排放 Total greenhouse gases emissions	人均排放 /（二氧化碳当量 t/ 人） Per capita emissions/ (t CO_2-eq / person)
南充 Nanchong	807.96	308.92	122.77	11.85	-29.77	1221.73	1.92
眉山 Meishan	1380.08	238.37	70.29	8.25	-46.14	1650.84	5.50
宜宾 Yibin	2688.37	1091.49	67.66	15.71	-86.27	3776.96	8.41
广安 Guang'an	2318.65	522.47	69.35	7.66	-27.52	2890.60	8.90
达州 Dazhou	2288.33	543.78	124.63	11.06	-86.20	2881.59	5.18
雅安 Ya'an	564.20	191.69	26.81	5.75	-116.72	671.73	4.34
巴中 Bazhong	371.09	273.00	74.12	5.69	-60.32	663.58	1.99
资阳 Ziyang	763.26	177.58	63.13	7.00	-12.71	998.26	2.80

单位：万 t 二氧化碳当量 (unit: 10^4 t CO_2-eq)

城市名称 City	二氧化碳 CO_2	甲烷 CH_4	氧化亚氮 N_2O	含氟温室气体 Fluorinated greenhouse gases	林业碳汇 Forestry carbon sequestration	温室气体总排放 Total greenhouse gases emissions	人均排放 /（二氧化碳当量 t/ 人）Per capita emissions/ (t CO_2-eq / person)
贵阳 Guiyang	4550.61	2316.53	33.72	52.38	-480.74	6472.50	14.00
六盘水 Liupanshui	5743.96	3012.70	40.95	19.11	-169.57	8647.15	29.92
遵义 Zunyi	3620.15	914.48	119.01	26.74	-691.42	3988.96	6.44
安顺 Anshun	1400.08	406.61	41.94	16.68	-233.07	1632.24	7.06
毕节 Bijie	4154.96	3534.69	116.44	6.48	-294.03	7518.54	11.38
铜仁 Tongren	1272.45	221.51	68.35	4.87	-308.16	1259.01	4.03

单位：万 t 二氧化碳当量 (unit: 10^4 t CO_2-eq)

城市名称 City	二氧化碳 CO_2	甲烷 CH_4	氧化亚氮 N_2O	含氟温室气体 Fluorinated greenhouse gases	林业碳汇 Forestry carbon sequestration	温室气体总排放 Total greenhouse gases emissions	人均排放 /（二氧化碳当量 t/ 人）Per capita emissions/ (t CO_2-eq / person)
昆明 Kunming	3802.91	337.53	92.47	154.66	-488.20	3899.37	5.84
曲靖 Qujing	5233.86	1371.96	165.23	64.92	-354.95	6481.02	10.72
玉溪 Yuxi	2480.95	116.87	40.04	11.48	-291.73	2357.61	9.98
保山 Baoshan	657.54	205.30	66.95	3.70	-391.14	542.35	2.10
昭通 Zhaotong	1301.25	365.31	76.11	6.32	-186.21	1562.77	2.88
丽江 Lijiang	488.36	172.66	36.05	3.09	-351.11	349.06	2.73
普洱 Pu'er	519.67	155.84	54.55	3.75	-921.54	-187.73	-0.72
临沧 Lincang	305.72	169.52	77.70	3.17	-359.65	196.45	0.78

单位：万 t 二氧化碳当量 (unit: 10^4 t CO_2-eq)

城市名称 City	二氧化碳 CO_2	甲烷 CH_4	氧化亚氮 N_2O	含氟温室气体 Fluorinated greenhouse gases	林业碳汇 Forestry carbon sequestration	温室气体总排放 Total greenhouse gases emissions	人均排放/（二氧化碳当量 t/人） Per capita emissions/ (t CO_2-eq / person)
西安 Xi'an	4075.55	214.96	42.13	49.38	-143.57	4238.45	4.87
铜川 Tongchuan	2730.15	422.90	9.12	3.54	-38.49	3127.23	36.96
宝鸡 Baoji	2778.70	120.20	48.82	12.41	-345.08	2615.05	6.95
咸阳 Xianyang	3692.10	860.02	94.28	18.36	-59.41	4605.36	9.26
渭南 Weinan	3772.55	695.55	103.77	15.00	-53.46	4533.41	8.46
延安 Yan'an	3465.15	447.13	26.89	17.20	-207.69	3748.69	16.80
汉中 Hanzhong	1496.08	297.00	41.27	8.06	-410.93	1431.47	4.16
榆林 Yulin	17055.20	373.57	40.11	93.88	-36.98	17525.78	51.53
安康 Ankang	680.59	212.70	35.35	4.13	-261.14	671.62	2.53
商洛 Shangluo	651.18	121.64	18.10	4.08	-245.23	549.77	2.33

单位：万 t 二氧化碳当量 (unit: 10^4 t CO_2-eq)

城市名称 City	二氧化碳 CO_2	甲烷 CH_4	氧化亚氮 N_2O	含氟温室气体 Fluorinated greenhouse gases	林业碳汇 Forestry carbon sequestration	温室气体总排放 Total greenhouse gases emissions	人均排放 /（二氧化碳当量 t/ 人） Per capita emissions/ (t CO_2-eq / person)
兰州 Lanzhou	6750.06	95.42	26.92	61.85	-4.65	6929.60	18.76
嘉峪关 Jiayuguan	3829.39	7.01	0.88	140.57	-0.52	3977.33	163.07
金昌 Jinchang	1286.75	44.99	7.53	3.19	-6.76	1335.70	28.39
白银 Baiyin	1905.95	115.64	21.26	4.52	-3.45	2043.93	11.95
天水 Tianshui	803.26	75.49	25.45	4.63	-30.20	878.63	2.65
武威 Wuwei	599.47	202.74	49.63	3.98	-21.50	834.32	4.59
张掖 Zhangye	722.76	200.01	41.85	3.33	-34.48	933.47	7.65
平凉 Pingliang	2078.03	182.23	32.82	3.63	-25.36	2271.35	10.83
酒泉 Jiuquan	982.86	123.61	28.44	7.44	-6.63	1135.72	10.18
庆阳 Qingyang	593.11	117.65	31.20	8.27	-38.72	711.51	3.19
定西 Dingxi	628.64	85.99	29.71	27.70	-43.77	728.27	2.62
陇南 Longnan	465.57	93.61	25.57	2.81	-77.31	510.25	1.97

单位：万 t 二氧化碳当量 (unit: 10^4 t CO_2-eq)

城市名称 City	二氧化碳 CO_2	甲烷 CH_4	氧化亚氮 N_2O	含氟温室气体 Fluorinated greenhouse gases	林业碳汇 Forestry carbon sequestration	温室气体总排放 Total greenhouse gases emissions	人均排放 /（二氧化碳当量 t/ 人）Per capita emissions/ (t CO_2-eq / person)
银川 Yinchuan	11435.97	709.41	21.89	68.89	-22.28	12213.87	56.44
石嘴山 Shizuishan	7082.26	141.82	14.39	4.66	-11.91	7231.22	91.77
吴忠 Wuzhong	3292.97	199.10	31.12	54.94	-30.31	3547.82	25.84
固原 Guyuan	1257.94	130.83	24.67	2.47	-52.14	1363.76	11.25
中卫 Zhongwei	1787.77	107.57	61.24	45.85	-13.74	1988.69	17.42

单位：万 t 二氧化碳当量 (unit: 10^4 t CO_2-eq)

城市名称 City	二氧化碳 CO_2	甲烷 CH_4	氧化亚氮 N_2O	含氟温室气体 Fluorinated greenhouse gases	林业碳汇 Forestry carbon sequestration	温室气体总排放 Total greenhouse gases emissions	人均排放 /（二氧化碳当量 t/ 人） Per capita emissions/ (t CO_2-eq / person)
海口 Haikou	523.17	37.17	18.21	15.63	-41.11	553.06	2.49
三亚 Sanya	321.22	19.08	8.11	6.71	-34.90	320.21	4.28
儋州 Danzhou	190.15	51.23	23.73	4.30	-35.71	233.69	2.39
拉萨 Lhasa	224.23	189.30	23.98	3.93	-49.27	392.17	6.07
日喀则 Shigatse	33.68	302.21	36.32	1.20	-97.22	276.19	3.53
昌都 Changdu	69.80	368.75	46.39	0.72	-371.35	114.31	1.47
林芝 Linzhi	1.23	92.33	12.91	0.90	-1214.15	-1106.78	-48.65
西宁 Xining	4844.48	118.44	17.87	182.73	-38.85	5124.67	25.45
海东 Haidong	967.59	92.80	20.95	53.22	-48.87	1085.70	6.39
乌鲁木齐 Urumqi	5519.98	397.52	6.57	41.40	-39.09	5926.38	16.69
克拉玛依 Karamay	3904.12	7.46	426.41	11.26	-8.84	4340.41	144.83
吐鲁番 Turpan	1365.17	40.09	9.04	4.61	-20.18	1398.74	21.46

第六部分*
中国港澳台地区城市温室气体排放

Part Ⅵ Greenhouse Gases Emissions of Hong Kong, Macao, Taiwan Cities

* 本部分涉及 GDP 的换算，美元和人民币的汇率以 6.23 计。

城市名称 City	部门温室气体排放 / 万 t 二氧化碳当量 Sectoral greenhouse gases emissions /10^4 ton						
	农业 Agriculture	工业能源 Industrial energy	工业过程 Industrial processes	城镇生活、农村生活与服务业 Household and services	运输 Transport	废弃物 Waste treatment	总排放 Total
基隆 Keelung	0.00	62.70	0.09	119.14	97.23	8.34	287.49
新竹 Hsinchu	0.19	232.07	51.71	63.16	32.31	3.33	382.77
台北 Taipei	0.33	29.50	0.00	899.10	257.29	27.44	1213.66
新北 New Taipei	4.82	622.73	4.31	622.67	478.87	16.87	1750.27
台中 Taichung	7.62	933.13	939.23	669.22	456.82	41.45	3047.47
台南 Tainan	16.76	1206.04	127.36	344.41	338.73	45.80	2079.10
桃园 Taoyuan	39.96	2625.26	107.85	387.39	402.94	48.49	3611.88
嘉义 Chiayi	0.65	46.97	0.02	90.82	75.37	9.96	223.80
高雄 Kaohsiung	4.42	2594.87	2166.09	529.55	422.24	44.80	5761.97
澳门 Macao	0.00	59.24	0.00	19.35	67.45	23.75	169.80
香港 Hong Kong	3.00	226.00	172.00	2770.00	747.00	244.00	4162.00

城市名称 City	人均排放 /（t/ 人）Per capita emissions/ (t/person)	单位 GDP 温室气体排放 /（t/ 万元）Greenhouse gases emissions per GDP / ($t/10^4$ RMB)	地均排放 /（t/km^2）Per land area emissions / (t/km^2)	碳生产率 /（万元 /t）Carbon productivity/ (10^4 RMB/t)
基隆 Keelung	7.73	0.57	21654.73	1.75
新竹 Hsinchu	8.82	0.63	36751.48	1.59
台北 Taipei	4.49	0.20	44652.69	4.93
新北 New Taipei	4.41	0.31	8527.20	3.20
台中 Taichung	11.10	0.79	13758.94	1.27
台南 Tainan	11.03	0.90	9486.46	1.12
桃园 Taoyuan	17.15	1.19	29582.52	0.84
嘉义 Chiayi	8.28	0.61	37280.69	1.63
高雄 Kaohsiung	20.73	1.58	19519.86	0.63
澳门 Macao	2.83	0.06	51766.77	16.67
香港 Hong Kong	5.68	0.21	37616.82	4.66

第七部分*
国际城市温室气体排放

Part Ⅶ　Greenhouse Gases Emissions of International Cities

* 本部分数据全部来自公开材料，不同城市之间排放部门分类有差异；本部分涉及 GDP 的换算，美元和人民币的汇率以 6.23 计。

国家 Country	城市名称 City	时间 Year	部门温室气体排放 / 万 t 二氧化碳当量 Sectoral greenhouse gases emissions /10⁴ ton					
			农林业 Agriculture, forestry and fishing	农林业非能源 Agriculture, forestry and other land use	工业过程 Industrial processes	工业燃烧（非能源工业） Industrial energy (Non energy industries)	能源工业 Energy industries	能源逃逸排放 Fugitive emissions
阿根廷	布宜诺斯艾利斯 Buenos Aires	2013	0.00	0.00	0.00	37.06	957.41	14.72
		2014	0.00	0.00	0.00	35.55	847.32	13.74
		2015	0.00	0.00	0.00	34.22	920.05	13.86
阿拉伯联合酋长国	迪拜 Dubai	2016	0.00	0.00	0.00	771.24	2107.80	1.29
澳大利亚	墨尔本 Melbourne	2013	0.00	0.00	0.00	12.07	0.00	0.00
	悉尼 Sydney	2013	0.00	0.00	0.00	0.00	0.00	1.45
		2014	0.00	0.00	0.00	0.00	0.00	1.52
		2015	0.00	0.00	0.00	0.00	0.00	0.00
巴西	萨尔瓦多 Salvador	2013	0.00	0.00	0.00	3.31	0.00	0.07
波兰	华沙 Warsaw	2014	0.41	0.00	0.00	14.27	559.09	1.36
丹麦	哥本哈根 Copenhagen	2014	0.00	-0.22	8.41	1.07	175.52	0.00

国家 Country	城市名称 City	时间 Year	部门温室气体排放 / 万 t 二氧化碳当量 Sectoral greenhouse gases emissions /10^4 ton					
			农林业 Agriculture, forestry and fishing	农林业非能源 Agriculture, forestry and other land use	工业过程 Industrial processes	工业燃烧（非能源工业） Industrial energy (Non energy industries)	能源工业 Energy industries	能源逃逸排放 Fugitive emissions
丹麦	哥本哈根 Copenhagen	2015	0.00	-0.22	8.31	0.96	119.44	0.00
德国	海德堡 Heidelberg	2015	0.00	1.86	0.00	0.77	2.85	0.29
厄瓜多尔	基多 Quito	2015	0.01	0.00	0.00	45.84	30.18	0.00
法国	巴黎 Paris	2014	0.00	-1.10	0.22	0.00	16.40	0.00
韩国	首尔 Seoul	2013	66.42	2.40	145.24	34.94	285.68	11.23
荷兰	阿姆斯特丹 Amsterdam	2015	1.34	0.00	0.00	4.03	425.66	1.60
加拿大	多伦多 Toronto	2013	0.00	0.00	0.00	102.14	43.45	12.62
		2014	0.00	0.00	0.00	104.60	37.14	8.31
	温哥华 Vancouver	2014	0.00	0.00	0.00	34.49	0.19	1.93
		2015	0.00	0.00	0.00	32.82	0.21	1.80
加纳	阿克拉 Accra	2015	0.00	0.00	0.00	4.39	0.00	0.00

国家 Country	城市名称 City	时间 Year	部门温室气体排放 / 万 t 二氧化碳当量 Sectoral greenhouse gases emissions /10^4 ton					
			农林业 Agriculture, forestry and fishing	农林业非能源 Agriculture, forestry and other land use	工业过程 Industrial processes	工业燃烧（非能源工业） Industrial energy (Non energy industries)	能源工业 Energy industries	能源逃逸排放 Fugitive emissions
美国	奥斯汀 Austin	2013	0.00	0.00	58.84	18.34	116.75	9.27
	波士顿 Boston	2013	0.00	0.00	0.00	0.00	18.50	2.26
		2014	0.00	0.00	0.00	0.00	20.54	2.24
		2015	0.00	0.00	0.00	0.00	7.28	3.16
	芝加哥 Chicago	2015	0.00	0.00	0.00	78.17	5.77	22.41
	洛杉矶 Los Angeles	2013	0.00	0.00	0.00	300.06	185.89	7.92
	新奥尔良 New Orleans	2014	0.00	0.00	0.00	7.65	116.39	4.45
	纽约市 New York City	2014	0.00	0.00	17.24	157.48	1150.11	22.09
	波特兰 Portland	2013	0.00	0.00	0.00	70.65	0.00	1.48
	旧金山 San Francisco	2015	1.58	1.58	0.00	0.00	5.71	1.12
	华盛顿特区 Washington, DC	2013	0.00	0.00	0.00	0.00	0.00	2.19

国家 Country	城市名称 City	时间 Year	部门温室气体排放 / 万 t 二氧化碳当量 Sectoral greenhouse gases emissions /10⁴ ton					
			农林业 Agriculture, forestry and fishing	农林业非能源 Agriculture, forestry and other land use	工业过程 Industrial processes	工业燃烧（非能源工业）Industrial energy (Non energy industries)	能源工业 Energy industries	能源逃逸排放 Fugitive emissions
秘鲁	利马 Lima	2015	0.00	0.00	207.67	186.72	43.69	0.29
墨西哥	墨西哥城 Ciudad de México	2014	0.50	3.34	13.48	98.86	26.43	0.05
南非	开普敦 Cape Town	2015	0.00	0.00	0.00	72.42	214.77	0.00
	德班 Durban (eThekwini)	2013	0.00	9.26	34.51	276.58	146.91	0.00
	约翰内斯堡 Johannesburg	2014	0.00	0.00	0.00	20.72	0.00	0.32
	茨瓦 Tshwane	2014	0.00	0.00	0.00	31.90	0.51	0.08
尼日利亚	拉各斯 Lagos	2015	0.00	0.00	0.00	458.84	647.22	15.92
挪威	奥斯陆 Oslo	2013	0.00	0.00	0.00	2.40	24.50	0.00
日本	东京 Tokyo	2013	9.79	0.00	0.00	209.60	695.60	0.10
	横滨 Yokohama	2013	15.04	0.00	0.00	70.39	437.01	0.00

国家 Country	城市名称 City	时间 Year	部门温室气体排放 / 万 t 二氧化碳当量 Sectoral greenhouse gases emissions /10^4 ton					
			农林业 Agriculture, forestry and fishing	农林业非能源 Agriculture, forestry and other land use	工业过程 Industrial processes	工业燃烧（非能源工业）Industrial energy (Non energy industries)	能源工业 Energy industries	能源逃逸排放 Fugitive emissions
瑞典	斯德哥尔摩 Stockholm	2015	0.00	0.00	0.00	1.49	89.45	0.00
瑞士	巴塞尔 Basel	2014	0.00	0.00	0.00	6.20	27.96	1.37
西班牙	巴塞罗那 Barcelona	2013	0.00	0.00	0.00	44.25	43.59	1.74
	马德里 Madrid	2013	2.80	-3.24	67.97	32.34	22.87	1.80
		2014	2.44	-3.17	112.85	32.81	19.23	1.55
希腊	雅典 Athens	2014	0.00	0.00	0.00	0.45	0.00	0.04
		2015	0.00	0.00	0.00	0.45	0.00	0.04
新西兰	奥克兰 Auckland	2013	27.42	-16.98	231.48	115.89	75.10	13.56
		2014	29.85	-30.75	233.55	119.12	53.49	13.16
英国	伦敦 London	2013	0.00	0.00	0.00	0.00	255.87	1.18
约旦	安曼 Amman	2014	0.00	0.00	0.00	5.44	0.00	0.00

国家 Country	城市名称 City	时间 Year	部门温室气体排放 / 万 t Sectoral greenhouse gases emissions /10^4 ton					
			非道路交通 Off-road	道路 Road	铁路 Railway	水运 Waterborne navigation	航空 Aviation	交通 Transport
阿根廷	布宜诺斯艾利斯 Buenos Aires	2013	0.00	399.49	1.75	0.00	0.00	401.24
		2014	0.00	355.50	1.89	0.00	0.00	357.39
		2015	0.00	361.12	1.57	0.00	0.00	362.69
阿拉伯联合酋长国	迪拜 Dubai	2016	0.00	1058.73	0.00	0.00	0.00	1058.73
澳大利亚	墨尔本 Melbourne	2013	0.59	44.80	0.00	0.00	0.00	45.38
	悉尼 Sydney	2013	0.00	29.61	0.00	0.00	0.00	29.61
		2014	0.00	15.88	0.00	0.49	0.00	16.37
		2015	0.00	13.14	0.00	0.40	0.00	13.55
巴西	萨尔瓦多 Salvador	2013	0.00	202.97	0.00	6.21	64.81	273.99
波兰	华沙 Warsaw	2014	0.00	169.13	0.57	0.00	0.01	169.72
丹麦	哥本哈根 Copenhagen	2014	6.25	34.92	0.29	14.00	0.00	55.46

国家 Country	城市名称 City	时间 Year	部门温室气体排放 / 万 t Sectoral greenhouse gases emissions /10^4 ton					
			非道路交通 Off-road	道路 Road	铁路 Railway	水运 Waterborne navigation	航空 Aviation	交通 Transport
丹麦	哥本哈根 Copenhagen	2015	6.25	34.47	0.29	14.00	0.00	55.00
德国	海德堡 Heidelberg	2015	0.00	25.12	0.01	0.22	0.00	25.35
厄瓜多尔	基多 Quito	2015	0.41	299.76	0.00	0.00	0.02	300.19
法国	巴黎 Paris	2014	0.00	50.03	1.33	0.00	0.47	51.84
韩国	首尔 Seoul	2013	12.61	902.93	2.08	7.32	27.74	952.68
荷兰	阿姆斯特丹 Amsterdam	2015	8.47	84.98	0.00	18.88	0.04	112.38
加拿大	多伦多 Toronto	2013	0.00	689.29	12.72	0.14	0.00	702.16
		2014	0.00	625.42	21.89	0.14	0.00	647.46
	温哥华 Vancouver	2014	1.64	100.58	1.24	0.00	0.00	103.46
		2015	1.92	105.28	1.10	0.00	0.00	108.29
加纳	阿克拉 Accra	2015	0.00	70.05	0.00	0.84	0.00	70.88

国家 Country	城市名称 City	时间 Year	部门温室气体排放 / 万 t Sectoral greenhouse gases emissions /10⁴ ton					
			非道路交通 Off-road	道路 Road	铁路 Railway	水运 Waterborne navigation	航空 Aviation	交通 Transport
美国	奥斯汀 Austin	2013	15.23	475.02	2.91	0.00	0.00	493.15
	波士顿 Boston	2013	1.98	150.61	1.55	0.04	0.00	154.17
		2014	2.07	148.51	3.06	0.03	0.00	153.67
		2015	2.22	145.73	3.00	0.03	0.00	150.99
	芝加哥 Chicago	2015	99.79	520.37	10.95	0.44	155.19	786.73
	洛杉矶 Los Angeles	2013	12.75	978.37	4.55	16.35	72.80	1084.81
	新奥尔良 New Orleans	2014	0.00	158.46	1.08	0.17	0.00	159.71
	纽约市 New York City	2014	0.00	1090.98	1.48	3.78	0.23	1096.47
	波特兰 Portland	2013	0.00	283.01	0.00	0.00	0.00	283.01
	旧金山 San Francisco	2015	0.00	194.10	1.34	46.58	0.00	242.02
	华盛顿特区 Washington, DC	2013	0.00	147.80	0.00	0.00	0.00	147.80

国家 Country	城市名称 City	时间 Year	部门温室气体排放 / 万 t Sectoral greenhouse gases emissions /10^4 ton					
			非道路交通 Off-road	道路 Road	铁路 Railway	水运 Waterborne navigation	航空 Aviation	交通 Transport
秘鲁	利马 Lima	2015	0.00	634.55	0.00	0.00	0.00	634.55
墨西哥	墨西哥城 Ciudad de México	2014	18.27	1340.39	1.13	0.00	162.72	1522.52
南非	开普敦 Cape Town	2015	0.00	549.84	0.00	0.00	0.00	549.84
	德班 Durban (eThekwini)	2013	0.00	642.12	0.00	0.00	0.00	642.12
	约翰内斯堡 Johannesburg	2014	0.00	687.51	0.00	0.00	0.00	687.51
	茨瓦 Tshwane	2014	0.00	448.06	0.00	0.00	0.00	448.06
尼日利亚	拉各斯 Lagos	2015	0.00	518.14	0.00	0.96	0.00	519.10
挪威	奥斯陆 Oslo	2013	24.50	49.80	0.00	3.50	0.00	77.80
日本	东京 Tokyo	2013	0.00	936.78	0.00	18.80	2.96	958.54
	横滨 Yokohama	2013	0.00	369.29	0.00	0.00	0.00	369.29

国家 Country	城市名称 City	时间 Year	部门温室气体排放 / 万 t Sectoral greenhouse gases emissions /10^4 ton					
			非道路交通 Off-road	道路 Road	铁路 Railway	水运 Waterborne navigation	航空 Aviation	交通 Transport
瑞典	斯德哥尔摩 Stockholm	2015	14.39	60.06	0.00	7.81	2.00	84.26
瑞士	巴塞尔 Basel	2014	0.00	15.95	0.08	0.43	0.00	16.46
西班牙	巴塞罗那 Barcelona	2013	0.00	96.56	0.04	0.00	0.00	96.59
	马德里 Madrid	2013	0.00	214.91	0.47	0.00	50.62	265.99
		2014	0.00	224.00	0.45	0.00	53.71	278.16
希腊	雅典 Athens	2014	0.00	98.86	0.00	0.00	0.00	98.86
		2015	0.00	97.26	0.00	0.00	0.00	97.26
新西兰	奥克兰 Auckland	2013	0.00	384.18	6.17	1.76	0.00	392.11
		2014	0.00	391.02	6.21	1.76	0.00	398.99
英国	伦敦 London	2013	3.62	603.47	13.39	2.03	0.00	622.50
约旦	安曼 Amman	2014	0.00	226.76	0.00	0.00	0.00	226.76

国家 Country	城市名称 City	时间 Year	部门温室气体排放 / 万 t Sectoral greenhouse gases emissions /10^4 ton				
			居民 Residential	商业 Commercial and institutional	建筑 Buildings	其他燃烧排放 Other fuel combustion	废弃物处理 Waste treatment
阿根廷	布宜诺斯艾利斯 Buenos Aires	2013	239.48	84.67	324.15	0.00	5.54
		2014	211.85	84.53	296.38	0.00	5.74
		2015	217.45	79.67	297.12	0.00	5.90
阿拉伯联合酋长国	迪拜 Dubai	2016	83.86	0.00	83.86	0.00	517.56
澳大利亚	墨尔本 Melbourne	2013	4.33	11.26	15.59	0.00	0.00
	悉尼 Sydney	2013	6.29	10.88	17.17	0.00	0.00
		2014	6.82	11.20	18.02	0.00	0.00
		2015	7.23	11.49	18.72	0.00	0.00
巴西	萨尔瓦多 Salvador	2013	25.79	17.78	43.57	0.00	27.32
波兰	华沙 Warsaw	2014	77.02	16.61	93.63	0.00	2.13
丹麦	哥本哈根 Copenhagen	2014	1.80	0.91	2.71	0.00	1.66

国家 Country	城市名称 City	时间 Year	部门温室气体排放 / 万 t Sectoral greenhouse gases emissions / 10^4 ton				
			居民 Residential	商业 Commercial and institutional	建筑 Buildings	其他燃烧排放 Other fuel combustion	废弃物处理 Waste treatment
丹麦	哥本哈根 Copenhagen	2015	1.46	0.76	2.22	0.00	2.02
德国	海德堡 Heidelberg	2015	11.89	12.89	24.78	0.00	0.44
厄瓜多尔	基多 Quito	2015	49.92	0.81	50.73	0.00	81.24
法国	巴黎 Paris	2014	143.71	124.85	268.56	0.00	0.00
韩国	首尔 Seoul	2013	657.94	435.31	1093.25	0.00	121.25
荷兰	阿姆斯特丹 Amsterdam	2015	53.14	72.98	126.12	0.00	1.42
加拿大	多伦多 Toronto	2013	420.76	253.86	674.62	0.00	35.86
		2014	467.53	262.85	730.38	0.00	88.94
	温哥华 Vancouver	2014	46.70	52.21	98.91	0.00	0.00
		2015	42.96	48.65	91.60	0.00	0.00
加纳	阿克拉 Accra	2015	21.55	2.10	23.65	0.00	32.35

国家 Country	城市名称 City	时间 Year	部门温室气体排放 / 万 t Sectoral greenhouse gases emissions /10^4 ton				
			居民 Residential	商业 Commercial and institutional	建筑 Buildings	其他燃烧排放 Other fuel combustion	废弃物处理 Waste treatment
美国	奥斯汀 Austin	2013	38.25	16.50	54.75	0.00	66.57
	波士顿 Boston	2013	83.58	117.92	201.50	0.00	5.19
		2014	86.18	116.53	202.71	0.00	5.19
		2015	87.45	156.58	244.03	0.00	5.19
	芝加哥 Chicago	2015	526.41	269.94	796.35	4.92	0.80
	洛杉矶 Los Angeles	2013	269.19	141.68	410.87	0.00	4.07
	新奥尔良 New Orleans	2014	25.25	28.66	53.91	0.00	9.88
	纽约市 New York City	2014	1247.30	672.69	1919.99	0.00	29.40
	波特兰 Portland	2013	62.51	48.06	110.57	0.00	1.75
	旧金山 San Francisco	2015	62.13	59.92	122.05	1.93	0.57
	华盛顿特区 Washington, DC	2013	59.94	101.12	161.05	0.00	2.22

国家 Country	城市名称 City	时间 Year	部门温室气体排放 / 万 t Sectoral greenhouse gases emissions / 0^4 ton				
			居民 Residential	商业 Commercial and institutional	建筑 Buildings	其他燃烧排放 Other fuel combustion	废弃物处理 Waste treatment
秘鲁	利马 Lima	2015	55.91	0.20	56.11	0.00	139.85
墨西哥	墨西哥城 Ciudad de México	2014	182.56	57.75	240.31	0.00	48.04
南非	开普敦 Cape Town	2015	16.89	10.59	27.47	0.00	249.56
	德班 Durban (eThekwini)	2013	23.22	0.59	23.81	0.00	34.50
	约翰内斯堡 Johannesburg	2014	11.11	12.06	23.17	0.00	175.11
	茨瓦 Tshwane	2014	5.51	0.09	5.60	0.00	1084.80
尼日利亚	拉各斯 Lagos	2015	424.09	188.10	612.18	0.00	957.97
挪威	奥斯陆 Oslo	2013	23.80	0.00	23.80	0.00	5.44
日本	东京 Tokyo	2013	536.31	362.50	899.31	0.00	151.11
	横滨 Yokohama	2013	168.05	93.79	261.84	0.00	0.00

国家 Country	城市名称 City	时间 Year	部门温室气体排放 / 万 t Sectoral greenhouse gases emissions /10^4 ton				
			居民 Residential	商业 Commercial and institutional	建筑 Buildings	其他燃烧排放 Other fuel combustion	废弃物处理 Waste treatment
瑞典	斯德哥尔摩 Stockholm	2015	4.10	3.12	7.22	0.00	1.01
瑞士	巴塞尔 Basel	2014	10.88	14.90	25.78	0.02	0.60
西班牙	巴塞罗那 Barcelona	2013	54.62	22.43	77.05	0.00	2.64
	马德里 Madrid	2013	169.10	71.27	240.37	4.94	43.73
		2014	151.99	64.03	216.02	4.46	42.62
希腊	雅典 Athens	2014	26.37	0.31	26.69	0.00	0.00
		2015	34.13	4.61	38.74	0.00	0.00
新西兰	奥克兰 Auckland	2013	25.91	43.64	69.55	0.00	93.20
		2014	25.76	46.54	72.30	0.00	59.12
英国	伦敦 London	2013	833.27	537.12	1370.39	0.00	39.70
约旦	安曼 Amman	2014	48.32	32.42	80.74	0.00	19.32

国家 Country	城市名称 City	时间 Year	温室气体汇总排放 / 万 t Greenhouse gases emissions /10^4 ton		
			间接 Indirect	直接 Direct	总排放 Total
阿根廷	布宜诺斯艾利斯 Buenos Aires	2013	-333.43	1740.12	1406.69
		2014	-207.61	1556.12	1348.50
		2015	-256.00	1633.85	1377.85
阿拉伯联合酋长国	迪拜 Dubai	2016	285.73	4540.49	4826.21
澳大利亚	墨尔本 Melbourne	2013	593.56	73.03	666.60
	悉尼 Sydney	2013	396.29	48.23	444.52
		2014	387.61	35.91	423.52
		2015	384.81	32.27	417.08
巴西	萨尔瓦多 Salvador	2013	35.86	348.26	384.12
波兰	华沙 Warsaw	2014	171.55	840.60	1012.15
丹麦	哥本哈根 Copenhagen	2014	-52.23	244.62	192.39

国家 Country	城市名称 City	时间 Year	温室气体汇总排放 / 万 t Greenhouse gases emissions /10^4 ton		
			间接 Indirect	直接 Direct	总排放 Total
丹麦	哥本哈根 Copenhagen	2015	-17.87	187.73	169.86
德国	海德堡 Heidelberg	2015	42.25	56.35	98.60
厄瓜多尔	基多 Quito	2015	109.53	508.20	617.72
法国	巴黎 Paris	2014	459.03	335.92	794.95
韩国	首尔 Seoul	2013	2253.01	2713.08	4966.09
荷兰	阿姆斯特丹 Amsterdam	2015	-192.10	672.54	480.44
加拿大	多伦多 Toronto	2013	367.13	1570.85	1937.98
		2014	389.01	1616.84	2005.84
	温哥华 Vancouver	2014	16.87	238.97	255.85
		2015	15.18	234.73	249.91
加纳	阿克拉 Accra	2015	126.04	131.28	257.32

国家 Country	城市名称 City	时间 Year	温室气体汇总排放 / 万 t Greenhouse gases emissions /10^4 ton		
			间接 Indirect	直接 Direct	总排放 Total
美国	奥斯汀 Austin	2013	541.36	817.66	1359.02
	波士顿 Boston	2013	220.92	381.62	602.54
		2014	222.27	384.35	606.62
		2015	235.61	410.64	646.25
	芝加哥 Chicago	2015	2672.74	1695.15	4367.89
	洛杉矶 Los Angeles	2013	1768.95	1993.63	3762.59
	新奥尔良 New Orleans	2014	8.62	352.00	360.62
	纽约市 New York City	2014	2364.48	4392.78	6757.26
	波特兰 Portland	2013	303.56	467.46	771.03
	旧金山 San Francisco	2015	132.46	376.54	509.00
	华盛顿特区 Washington, DC	2013	513.04	313.27	826.31

国家 Country	城市名称 City	时间 Year	温室气体汇总排放 / 万 t Greenhouse gases emissions /10^4 ton		
			间接 Indirect	直接 Direct	总排放 Total
秘鲁	利马 Lima	2015	815.95	1268.88	2084.82
墨西哥	墨西哥城 Ciudad de México	2014	1842.89	1953.54	3796.43
南非	开普敦 Cape Town	2015	1081.22	1114.07	2195.29
	德班 Durban (eThekwini)	2013	1648.61	1167.69	2816.31
	约翰内斯堡 Johannesburg	2014	1828.22	906.84	2735.06
	茨瓦 Tshwane	2014	1235.93	1570.95	2806.88
尼日利亚	拉各斯 Lagos	2015	-109.41	3211.24	3101.83
挪威	奥斯陆 Oslo	2013	0.10	133.94	134.04
日本	东京 Tokyo	2013	3684.09	2924.05	6608.14
	横滨 Yokohama	2013	958.01	1153.57	2111.58

国家 Country	城市名称 City	时间 Year	温室气体汇总排放 / 万 t Greenhouse gases emissions /10^4 ton		
			间接 Indirect	直接 Direct	总排放 Total
瑞典	斯德哥尔摩 Stockholm	2015	-0.12	183.43	183.32
瑞士	巴塞尔 Basel	2014	6.99	78.39	85.38
西班牙	巴塞罗那 Barcelona	2013	38.64	265.85	304.49
	马德里 Madrid	2013	346.15	679.56	1025.70
		2014	369.04	706.98	1076.01
希腊	雅典 Athens	2014	387.50	126.04	513.54
		2015	376.25	136.49	512.75
新西兰	奥克兰 Auckland	2013	168.59	1001.33	1169.92
		2014	169.11	948.84	1117.95
英国	伦敦 London	2013	1941.36	2289.63	4231.00
约旦	安曼 Amman	2014	410.88	332.26	743.14

国家 Country	城市名称 City	时间 Year	人均排放 /（t/ 人）Per capita emissions/ (t/person)	单位 GDP 温室气体排放 /（t/ 万元）Greenhouse gases emissions per GDP /(t/10⁴ RMB)	地均排放 /（t/km²）Per land area emissions/ (t/km²)	碳生产率 /（万元 /t）Carbon productivity/ (10⁴ RMB /t)
阿根廷	布宜诺斯艾利斯 Buenos Aires	2013	4.57	0.28	69624.14	3.52
		2014	4.42	0.28	66744.44	3.62
		2015	4.51	0.28	68196.99	3.54
阿拉伯联合酋长国	迪拜 Dubai	2016	17.94	0.76	11731.20	1.32
澳大利亚	墨尔本 Melbourne	2013	57.25	0.16	177286.04	6.33
	悉尼 Sydney	2013	22.53	0.10	169989.24	10.23
		2014	20.59	0.09	161958.36	10.74
		2015	19.77	0.09	159496.10	10.91
巴西	萨尔瓦多 Salvador	2013	1.33	0.25	5544.25	4.04
波兰	华沙 Warsaw	2014	5.83	0.29	19577.35	3.49
丹麦	哥本哈根 Copenhagen	2014	3.32	0.06	22313.43	16.81

国家 Country	城市名称 City	时间 Year	人均排放 / （t/ 人） Per capita emissions/ (t/person)	单位 GDP 温室气体排放 / （t/ 万元） Greenhouse gases emissions per GDP /(t/10^4 RMB)	地均排放 / （t/km^2） Per land area emissions/ (t/km^2)	碳生产率 / （万元 /t） Carbon productivity/ (10^4 RMB /t)
丹麦	哥本哈根 Copenhagen	2015	2.87	0.05	19701.13	19.52
德国	海德堡 Heidelberg	2015	6.31	0.17	9059.07	5.98
厄瓜多尔	基多 Quito	2015	2.42	0.43	1464.51	2.32
法国	巴黎 Paris	2014	3.50	0.02	75709.47	56.03
韩国	首尔 Seoul	2013	4.78	0.18	82084.16	5.58
荷兰	阿姆斯特丹 Amsterdam	2015	5.84	0.12	29159.74	8.55
加拿大	多伦多 Toronto	2013	7.07	0.20	30233.65	5.05
		2014	7.22	0.21	31292.41	4.88
	温哥华 Vancouver	2014	4.14	0.05	22253.36	20.56
		2015	4.01	0.05	21737.03	20.84
加纳	阿克拉 Accra	2015	1.29	0.98	18782.67	1.02

国家 Country	城市名称 City	时间 Year	人均排放 /（t/ 人）Per capita emissions/ (t/person)	单位 GDP 温室气体排放 /（t/ 万元）Greenhouse gases emissions per GDP /(t/10^4 RMB)	地均排放 /（t/km^2）Per land area emissions/ (t/km^2)	碳生产率 /（万元 /t）Carbon productivity/ (10^4 RMB /t)
美国	奥斯汀 Austin	2013	12.12	0.20	5300.39	4.90
	波士顿 Boston	2013	9.35	0.09	48202.89	11.36
		2014	9.25	0.09	48529.46	10.59
		2015	9.65	0.09	51699.96	10.56
	芝加哥 Chicago	2015	16.06	0.12	74087.29	8.00
	洛杉矶 Los Angeles	2013	9.69	0.07	30993.30	14.35
	新奥尔良 New Orleans	2014	9.38	0.07	8233.33	13.87
	纽约市 New York City	2014	7.96	0.14	86211.52	7.17
	波特兰 Portland	2013	10.06	0.08	6392.20	13.23
	旧金山 San Francisco	2015	5.89	0.09	42066.24	10.92
	华盛顿特区 Washington, DC	2013	12.73	0.12	52297.89	8.55

国家 Country	城市名称 City	时间 Year	人均排放 /（t/ 人） Per capita emissions/(t/person)	单位 GDP 温室气体排放 /（t/ 万元） Greenhouse gases emissions per GDP /(t/10^4 RMB)	地均排放 /（t/km^2） Per land area emissions/(t/km^2)	碳生产率 /（万元 /t） Carbon productivity/(10^4 RMB /t)
秘鲁	利马 Lima	2015	2.34	0.41	7880.94	2.46
墨西哥	墨西哥城 Ciudad de México	2014	4.28	0.31	25565.19	3.23
南非	开普敦 Cape Town	2015	5.47	1.52	8942.12	0.66
	德班 Durban (eThekwini)	2013	8.18	0.71	12287.55	1.41
	约翰内斯堡 Johannesburg	2014	5.74	1.23	16596.24	0.81
	茨瓦 Tshwane	2014	9.13	0.81	4407.79	1.24
尼日利亚	拉各斯 Lagos	2015	1.48	0.62	11087.00	1.61
挪威	奥斯陆 Oslo	2013	2.15	0.04	2952.47	25.34
日本	东京 Tokyo	2013	4.97	0.11	30187.94	9.04
	横滨 Yokohama	2013	5.70	0.27	48516.44	3.74

国家 Country	城市名称 City	时间 Year	人均排放 /（t/ 人）Per capita emissions/ (t/person)	单位 GDP 温室气体排放 /（t/ 万元）Greenhouse gases emissions per GDP /(t/10⁴ RMB)	地均排放 /（t/km²）Per land area emissions/ (t/km²)	碳生产率 /（万元 /t）Carbon productivity/ (10⁴ RMB /t)
瑞典	斯德哥尔摩 Stockholm	2015	1.98	0.01	9750.86	141.65
瑞士	巴塞尔 Basel	2014	4.35	0.04	23103.07	23.16
西班牙	巴塞罗那 Barcelona	2013	1.89	0.05	29808.54	19.40
	马德里 Madrid	2013	3.20	0.16	16925.82	6.27
		2014	3.40	0.17	17756.01	5.99
希腊	雅典 Athens	2014	7.73	0.37	131676.67	2.70
		2015	7.72	0.38	131473.35	2.62
新西兰	奥克兰 Auckland	2013	7.84	0.30	2390.53	3.35
		2014	7.32	0.27	2284.33	3.71
英国	伦敦 London	2013	5.03	0.14	26526.64	7.08
约旦	安曼 Amman	2014	2.19	0.79	9267.04	1.26

单位：万 t 二氧化碳当量 (unit: 10^4 t CO_2-eq)

国家 Country	城市名称 City	时间 Year	居民住宅 Residential buildings	商业建筑和公共设施 Commercial and institutional buildings	制造业和建筑业 Manufacturing industries and construction	能源工业 Energy industries	其他固定源的排放 Other stationary emissions
日本	千叶 Chiba	2015	65.20	110.67	1918.16	0.00	912.25
	青森 Aomori	2015	44.04	23.91	89.50	0.00	2.39
	埼玉 Saitama	2015	69.91	91.98	133.91	0.00	6.52
	神奈川 Kanagawa	2015	92.48	127.49	1100.67	0.00	540.08
	山形 Yamagata	2015	38.21	36.42	34.31	0.00	2.12
	秋田 Akita	2015	23.06	18.13	24.17	0.00	2.93
	北海道 Hokkaido	2015	184.57	101.70	476.81	0.00	105.55
	岩手 Iwate	2015	26.74	22.50	47.89	0.00	2.70
	新潟 Nigata	2015	36.80	37.53	149.16	0.00	12.87
	宫城 Miyagi	2015	25.47	36.69	178.10	0.00	71.32
	京都 Kyoto	2015	27.90	45.70	46.67	0.00	2.36

单位：万 t 二氧化碳当量 (unit: 10^4 t CO_2-eq)

国家 Country	城市名称 City	时间 Year	居民住宅 Residential buildings	商业建筑和公共设施 Commercial and institutional buildings	制造业和建筑业 Manufacturing industries and construction	能源工业 Energy industries	其他固定源的排放 Other stationary emissions
日本	福岛 Fukushima	2015	27.27	47.26	67.86	0.00	5.41
	石川 Ishigawa	2015	11.39	21.08	25.47	0.00	1.75
	福井 Fukui	2015	5.89	13.45	40.07	0.00	1.35
	茨城 Ibaraki	2015	33.90	49.23	784.31	0.00	266.46
	群马 Gunma	2015	22.06	30.17	62.61	0.00	2.82
	栃木 Tochigi	2015	20.58	31.44	75.54	0.00	3.95
	富山 Toyama	2015	12.20	18.10	50.25	0.00	6.77
	大阪 Osaka	2015	84.36	156.48	459.79	0.00	265.83
美国	纳什维尔 Nashville, TN	2014	299.17	359.52	74.67	0.00	0.00
	圣路易斯 St. Louis, MO	2015	161.45	318.05	93.48	0.00	0.00
	凤凰城 Phoenix, AZ	2015	17.73	17.03	0.00	0.00	0.00

单位：万 t 二氧化碳当量 (unit: 10^4 t CO_2-eq)

国家 Country	城市名称 City	时间 Year	居民住宅 Residential buildings	商业建筑和公共设施 Commercial and institutional buildings	制造业和建筑业 Manufacturing industries and construction	能源工业 Energy industries	其他固定源的排放 Other stationary emissions
美国	圣地亚哥 San Diego, CA	2015	0.00	0.00	0.00	468.89	0.00
	罗利 Raleigh, NC	2014	125.53	157.85	25.73	0.00	0.00
	纽约 New York City, NY	2015	1659.27	1376.74	411.00	0.00	0.00
	芝加哥市 Chicago City, IL	2015	912.78	837.89	559.34	0.00	0.00
	圣何塞 San Jose	2014	109.69	149.97	0.00	0.00	0.00
	丹佛 Denver, CO	2013	201.30	452.52	0.00	0.00	0.00
	辛辛那提 Cincinati, OH	2015	59.26	265.04	151.65	0.00	0.00
	西雅图市 Seattle, WA	2014	50.40	77.00	94.20	0.00	0.00
	旧金山 San Francisco, CA	2015	85.81	130.04	0.00	0.00	0.00
	波士顿市 Boston City, IL	2013	128.16	344.84	0.00	0.00	0.00

单位：万 t 二氧化碳当量 (unit: 10^4 t CO_2-eq)

国家 Country	城市名称 City	时间 Year	居民住宅 Residential buildings	商业建筑和公共设施 Commercial and institutional buildings	制造业和建筑业 Manufacturing industries and construction	能源工业 Energy industries	其他固定源的排放 Other stationary emissions
荷兰	海牙 the Hague	2015	82.06	82.73	4.26	1.17	0.00
	蒂尔堡 Tilburg	2015	33.10	30.33	30.14	0.23	0.00
	鹿特丹 Rotterdam	2015	90.96	163.08	777.28	14.98	0.00
	格罗宁根 Groningen	2015	33.46	39.24	18.72	0.00	0.00
	埃因霍温 Eindhoven	2015	37.68	43.80	25.68	0.30	0.00
	乌得勒支 Utrecht	2015	45.60	57.86	11.24	1.74	0.00
韩国	世宗 Sejong	2015	4.98	0.48	4.13	19.52	0.00
	大邱 Daegu	2015	175.71	298.96	366.95	41.52	0.00
	光州 Gwangiu	2015	116.92	166.76	145.64	2.57	0.00
	大田 Daejeon	2015	122.08	242.02	128.41	24.76	0.00
	釜山 Busan	2015	265.58	398.07	419.60	42.46	0.00
	仁川 Incheon	2015	213.54	346.41	4248.02	119.40	0.00
	蔚山 Ulsan	2015	78.18	192.78	1924.24	235.95	0.00

单位：万 t 二氧化碳当量 (unit: 10^4 t CO_2-eq)

国家 Country	城市名称 City	时间 Year	工业生产过程 Industrial processes	农业、林业和其他土地利用总排放量 Agriculture, forestry and other land use	交通 Transport	废弃物处理 Waste treatment	逃逸排放 Fugitive emissions	总排放量 Total emissions
日本	千叶 Chiba	2015	0.00	0.00	58.78	0.00	0.00	3065.05
	青森 Aomori	2015	0.00	0.00	27.27	0.00	0.00	187.11
	埼玉 Saitama	2015	0.00	0.00	64.54	0.00	0.00	366.85
	神奈川 Kanagawa	2015	0.00	0.00	63.84	0.00	0.00	1924.55
	山形 Yamagata	2015	0.00	0.00	20.19	0.00	0.00	131.25
	秋田 Akita	2015	0.00	0.00	16.69	0.00	0.00	84.97
	北海道 Hokkaido	2015	0.00	0.00	87.58	0.00	0.00	956.22
	岩手 Iwate	2015	0.00	0.00	16.22	0.00	0.00	116.05
	新潟 Nigata	2015	0.00	0.00	30.76	0.00	0.00	267.13
	宫城 Miyagi	2015	0.00	0.00	29.44	0.00	0.00	341.03
	京都 Kyoto	2015	0.00	0.00	17.58	0.00	0.00	140.20

单位：万 t 二氧化碳当量 (unit: 10^4 t CO_2-eq)

国家 Country	城市名称 City	时间 Year	工业生产过程 Industrial processes	农业、林业和其他土地利用总排放量 Agriculture, forestry and other land use	交通 Transport	废弃物处理 Waste treatment	逃逸排放 Fugitive emissions	总排放量 Total emissions
日本	福岛 Fukushima	2015	0.00	0.00	33.48	0.00	0.00	181.28
	石川 Ishigawa	2015	0.00	0.00	19.83	0.00	0.00	79.52
	福井 Fukui	2015	0.00	0.00	10.02	0.00	0.00	70.78
	茨城 Ibaraki	2015	0.00	0.00	59.19	0.00	0.00	1193.08
	群马 Gunma	2015	0.00	0.00	38.99	0.00	0.00	156.65
	栃木 Tochigi	2015	0.00	0.00	31.99	0.00	0.00	163.50
	富山 Toyama	2015	0.00	0.00	17.20	0.00	0.00	104.52
	大阪 Osaka	2015	0.00	0.00	69.21	0.00	0.00	1035.67
美国	纳什维尔 Nashville, TN	2014	0.00	0.00	498.65	105.16	8.97	1346.13
	圣路易斯 St. Louis, MO	2015	0.00	0.00	159.66	11.52	0.02	744.17
	凤凰城 Phoenix, AZ	2015	0.00	0.00	12.26	7.15	7.09	61.26

单位：万 t 二氧化碳当量 (unit: 10^4 t CO_2-eq)

国家 Country	城市名称 City	时间 Year	工业生产过程 Industrial processes	农业、林业和其他土地利用总排放量 Agriculture, forestry and other land use	交通 Transport	废弃物处理 Waste treatment	逃逸排放 Fugitive emissions	总排放量 Total emissions
美国	圣地亚哥 San Diego, CA	2015	0.00	0.00	577.13	28.66	0.00	1074.68
	罗利 Raleigh, NC	2014	0.00	0.00	232.04	7.79	0.00	548.94
	纽约 New York City, NY	2015	0.00	0.00	1547.74	183.72	25.85	5204.32
	芝加哥市 Chicago City, IL	2015	0.00	0.00	804.85	117.48	0.00	3232.34
	圣何塞 San Jose	2014	0.00	0.00	407.65	80.04	0.00	747.34
	丹佛 Denver, CO	2013	110.20	0.00	331.10	13.90	0.00	1109.02
	辛辛那提 Cincinati, OH	2015	0.00	0.00	244.52	38.91	0.00	759.38
	西雅图市 Seattle, WA	2014	4.00	0.00	228.30	9.00	1.90	464.80
	旧金山 San Francisco, CA	2015	0.00	0.00	207.15	39.17	0.00	462.17
	波士顿市 Boston City, IL	2013	0.00	0.00	165.26	0.00	0.00	638.26

单位：万 t 二氧化碳当量 (unit: 10^4 t CO_2-eq)

国家 Country	城市名称 City	时间 Year	工业生产过程 Industrial processes	农业、林业和其他土地利用总排放量 Agriculture, forestry and other land use	交通 Transport	废弃物处理 Waste treatment	逃逸排放 Fugitive emissions	总排放量 Total emissions
荷兰	海牙 the Hague	2015	0.00	0.00	39.53	1.65	0.00	211.41
	蒂尔堡 Tilburg	2015	0.00	0.00	40.13	1.17	0.00	135.10
	鹿特丹 Rotterdam	2015	0.00	0.00	179.92	10.66	0.00	1236.88
	格罗宁根 Groningen	2015	0.00	0.00	28.16	0.00	0.00	119.59
	埃因霍温 Eindhoven	2015	0.00	0.00	51.46	1.39	0.00	160.32
	乌得勒支 Utrecht	2015	0.00	0.00	64.88	1.33	0.00	182.65
韩国	世宗 Sejong	2015	0.00	0.00	30.87	0.00	0.12	60.11
	大邱 Daegu	2015	0.00	0.00	311.49	0.00	0.23	1194.87
	光州 Gwangiu	2015	0.00	0.00	215.40	0.00	0.38	647.65
	大田 Daejeon	2015	0.00	0.00	223.05	0.00	0.18	740.50
	釜山 Busan	2015	0.00	0.00	495.59	0.00	1.43	1622.72
	仁川 Incheon	2015	0.00	0.00	1424.22	0.00	5.15	6356.73
	蔚山 Ulsan	2015	0.00	0.00	427.25	0.00	0.98	2859.37

国家 Country	城市名称 City	时间 Year	人均排放 /（t/ 人）Per capita emissions/ (t/person)	单位 GDP 温室气体排放 /（t/ 万元）Greenhouse gases emissions per GDP /(t/10^4 RMB)	地均排放 /（t/km^2）Per land area emissions/ (t/km^2)	碳生产率 /（万元 /t）Carbon productivity/ (10^4 RMB/t)
日本	千叶 Chiba	2015	0.49	0.29	5944.63	3.40
	青森 Aomori	2015	0.14	0.08	202.50	12.18
	埼玉 Saitama	2015	0.50	0.03	1012.15	29.35
	神奈川 Kanagawa	2015	2.11	0.12	8049.61	8.11
	山形 Yamagata	2015	1.17	0.07	142.76	14.73
	秋田 Akita	2015	0.83	0.05	79.03	20.95
	北海道 Hokkaido	2015	1.78	0.10	114.59	9.95
	岩手 Iwate	2015	0.91	0.05	81.82	20.61
	新潟 Nigata	2015	1.16	0.06	226.53	16.76
	宫城 Miyagi	2015	1.46	0.07	485.64	13.43
	京都 Kyoto	2015	0.54	0.03	1772.06	36.91

国家 Country	城市名称 City	时间 Year	人均排放 /（t/ 人）Per capita emissions/ (t/person)	单位 GDP 温室气体排放 /（t/ 万元）Greenhouse gases emissions per GDP /(t/10⁴ RMB)	地均排放 /（t/km^2）Per land area emissions/ (t/km^2)	碳生产率 /（万元 /t）Carbon productivity/ (10⁴ RMB/t)
日本	福岛 Fukushima	2015	0.95	0.05	138.70	21.01
	石川 Ishigawa	2015	0.69	0.03	204.39	29.70
	福井 Fukui	2015	0.90	0.04	177.95	22.76
	茨城 Ibaraki	2015	4.09	0.20	1976.37	5.01
	群马 Gunma	2015	0.79	0.04	256.87	26.31
	栃木 Tochigi	2015	0.83	0.04	266.98	25.76
	富山 Toyama	2015	0.98	0.05	259.51	21.93
	大阪 Osaka	2015	1.17	0.05	47393.51	18.86
美国	纳什维尔 Nashville, TN	2014	2.37	0.18	9879.85	5.45
	圣路易斯 St. Louis, MO	2015	23.63	0.65	43534.15	1.53
	凤凰城 Phoenix, AZ	2015	0.39	0.00	510.01	223.81

国家 Country	城市名称 City	时间 Year	人均排放 /（t/ 人） Per capita emissions/ (t/person)	单位 GDP 温室气体排放 /（t/ 万元） Greenhouse gases emissions per GDP /(t/10^4 RMB)	地均排放 /（t/km^2） Per land area emissions/ (t/km^2)	碳生产率 /（万元 /t） Carbon productivity/ (10^4 RMB/t)
美国	圣地亚哥 San Diego, CA	2015	7.73	0.08	12868.05	12.21
	罗利 Raleigh, NC	2014	14.44	0.13	18340.72	7.63
	纽约 New York City, NY	2015	6.11	0.05	66654.45	19.25
	芝加哥市 Chicago City, IL	2015	11.91	0.08	54791.05	12.24
	圣何塞 San Jose	2014	7.47	0.05	16033.69	19.69
	丹佛 Denver, CO	2013	16.31	0.10	32366.78	9.72
	辛辛那提 Cincinati, OH	2015	25.42	0.10	36845.18	10.39
	西雅图市 Seattle, WA	2014	6.80	0.03	12589.38	39.67
	旧金山 San Francisco, CA	2015	5.36	0.02	4246.10	59.34
	波士顿市 Boston City, IL	2013	9.58	0.03	27503.73	35.63

国家 Country	城市名称 City	时间 Year	人均排放 /（t/ 人） Per capita emissions/ (t/person)	单位 GDP 温室气体排放 /（t/ 万元） Greenhouse gases emissions per GDP /(t/10^4 RMB)	地均排放 /（t/km²） Per land area emissions/ (t/km²)	碳生产率 /（万元 /t） Carbon productivity/ (10^4 RMB/t)
荷兰	海牙 the Hague	2015	4.07	0.09	55869.23	11.53
	蒂尔堡 Tilburg	2015	6.34	0.12	29424.40	8.16
	鹿特丹 Rotterdam	2015	19.65	0.29	99343.01	3.46
	格罗宁根 Groningen	2015	5.95	0.08	37036.92	12.38
	埃因霍温 Eindhoven	2015	7.13	0.06	46758.89	15.46
	乌得勒支 Utrecht	2015	5.39	0.04	47730.58	22.44
韩国	世宗 Sejong	2015	2.85	0.51	1307.59	1.96
	大邱 Daegu	2015	4.75	0.44	13566.75	2.25
	光州 Gwangiu	2015	4.34	0.36	13035.01	2.77
	大田 Daejeon	2015	4.82	0.39	13753.55	2.53
	釜山 Busan	2015	4.60	0.38	21538.71	2.66
	仁川 Incheon	2015	21.31	1.52	60666.60	0.66
	蔚山 Ulsan	2015	24.38	0.74	27324.57	1.34

单位：万 t 二氧化碳当量 (unit: 10^4 t CO_2-eq)

国家 Country	城市名称 City	时间 Year	总排放量 Total emissions	人均排放 /（t/ 人）Per capita emissions/(t/person)	地均排放 /（t/km^2）Per land area emissions/(t/km^2)	范围 1 排放量 Direct emissions (Scope1)	范围 2 排放量 Indirect emissions (Scope2)
阿根廷	科尔多瓦 Córdoba	2014	509.92	3.27	8852.73	—	—
	里约格兰德 Rio Grande	2015	81.01	10.16	863.63	98.20	—
澳大利亚	霍巴特 Hobart	2014	33.89	6.69	43.50	18.95	14.94
	拜伦希尔 Byron Shire	2015	26.32	9.01	473.38	—	—
	阿德莱德 Adelaide	2015	57.33	24.28	35834.19	20.47	41.65
	堪培拉 Canberra	2015	404.76	10.12	1716.54	181.33	223.42
巴西	贝廷 Betim	2013	176.30	4.66	5095.43	—	—
	弗洛里亚诺波利斯 Florianópolis	2013	74.06	1.35	1690.95	130.52	14.53
	埃斯特雷马 Extrema	2014	13.19	3.91	542.70	11.57	1.62
	尼泰罗伊 Niterói	2015	172.96	3.47	12994.76	113.44	16.46
	累西腓 Recife	2015	232.98	1.43	10687.12	133.38	37.14

单位：万 t 二氧化碳当量 (unit: 10^4 t CO_2-eq)

国家 Country	城市名称 City	时间 Year	总排放量 Total emissions	人均排放 /（t/ 人）Per capita emissions/ (t/person)	地均排放 /（t/km^2）Per land area emissions/(t/km^2)	范围 1 排放量 Direct emissions (Scope1)	范围 2 排放量 Indirect emissions (Scope2)
巴西	贝洛奥里藏特 Belo Horizonte	2015	449.49	1.79	13579.71	239.33	54.25
	维多利亚 Vitória	2015	279.83	7.78	28.50	242.43	36.71
	戈亚尼亚 Goiânia	2017	201.63	1.55	2728.44	—	—
保加利亚	旧扎戈拉 Stara Zagora	2014	0.11	0.00	0.21	—	—
波兰	弗罗茨瓦夫 Wroclaw	2015	406.52	6.39	14349.52	—	—
丹麦	艾厄代 Egedal	2014	17.95	4.27	1424.88	—	—
	维兹奥勒 Hvidovre	2014	21.94	4.15	8775.84	11.87	10.07
	约灵 Hjorring	2014	41.70	6.39	55600.00	28.90	12.80
	赫尔辛格 Elsinore	2015	29.45	4.78	2475.20	—	—
	森讷堡 Sonderborg	2015	180.67	24.15	3638.10	42.34	143.59
	格莱萨克瑟 Gladsaxe	2015	33.13	4.92	13304.50	24.76	8.37

单位：万 t 二氧化碳当量 (unit: 10^4 t CO_2-eq)

国家 Country	城市名称 City	时间 Year	总排放量 Total emissions	人均排放 /（t/人）Per capita emissions/(t/person)	地均排放 /（t/km^2）Per land area emissions/(t/km^2)	范围 1 排放量 Direct emissions (Scope1)	范围 2 排放量 Indirect emissions (Scope2)
丹麦	霍耶 - 措斯楚普 Hoeje-Taastrup	2016	27.55	5.51	3531.55	16.13	11.41
	艾勒斯克宾 Æroskobing	2016	0.02	0.03	2.10	—	—
德国	汉堡 Hamburg	2014	1.75	0.01	23.13	—	—
厄瓜多尔	瓜亚基尔 Santiago de Guayaquil	2014	578.74	2.57	1344.83	542.99	135.75
法国	南希 Nancy	2016	215.00	8.11	15108.92	—	—
菲律宾	八打雁 Batangas	2015	65.76	1.86	2307.49	52.46	13.31
芬兰	拉赫蒂 Lahti	2015	71.72	6.00	1561.17	71.72	15.76
	图尔库 Turku	2015	84.08	4.50	3417.89	36.83	47.24
	埃斯波 Espoo	2015	123.36	4.49	3953.79	91.49	31.87
	赫尔辛基 Helsinki	2016	278.97	4.39	12885.56	205.50	265.10
哥伦比亚	伊瓦格 Ibagué	2014	233.05	4.13	1619.52	—	10.82

单位：万 t 二氧化碳当量 (unit: 10^4 t CO_2-eq)

国家 Country	城市名称 City	时间 Year	总排放量 Total emissions	人均排放 /（t/ 人）Per capita emissions/(t/person)	地均排放 /（t/km²）Per land area emissions/(t/km²)	范围 1 排放量 Direct emissions (Scope1)	范围 2 排放量 Indirect emissions (Scope2)
荷兰	格罗宁根 Groningen	2017	85.90	4.28	10349.40	132.50	132.50
加拿大	圣凯瑟琳斯 St Catharines, ON	2014	95.45	7.26	9740.21	91.31	4.15
	温莎 Windsor	2014	189.87	8.74	12978.22	177.58	10.95
	伦敦 London, ON	2014	316.00	8.29	7505.94	297.40	18.60
	萨斯卡通 Saskatoon	2014	349.35	13.17	14993.37	233.64	122.59
	埃德蒙顿 Edmonton	2015	1335.71	14.96	19527.87	1021.51	636.16
	阿贾克斯 Ajax, ON	2015	123.42	11.26	18393.61	—	—
	北温哥华 North Vancouver	2015	18.71	3.54	15852.12	18.29	0.42
	卡尔加里 Calgary	2016	1767.91	14.31	20848.04	1017.84	750.29
	瓦利菲尔德 Salaberry-de-Valleyfield	2016	43.56	10.65	3470.87	42.32	0.30
科摩罗	莫罗尼 Moroni	2016	4.93	0.89	1642.83	3.33	1.33

单位：万 t 二氧化碳当量 (unit: 10^4 t CO_2-eq)

国家 Country	城市名称 City	时间 Year	总排放量 Total emissions	人均排放 /（t/ 人）Per capita emissions/(t/person)	地均排放 /（t/km^2）Per land area emissions/(t/km^2)	范围 1 排放量 Direct emissions (Scope1)	范围 2 排放量 Indirect emissions (Scope2)
立陶宛	维尔纽斯 Vilnius	2014	194.43	3.58	4848.70	194.43	—
美国	匹兹堡 Pittsburgh	2013	485.15	15.87	32128.82	—	272.95
	西棕榈滩 West Palm Beach	2013	148.48	13.91	25511.46	—	78.96
	迈阿密海滩 Miami Beach, FL	2013	120.74	13.16	66705.19	29.26	82.58
	圣安东尼奥 San Antonio	2013	1649.89	11.22	35481.43	980.18	662.71
	印第安纳波利斯 Indianapolis	2013	216.04	2.53	2266.91	72.62	143.42
	格林斯伯勒 Greensboro	2013	446.77	15.57	12893.77	—	—
	罗切斯特 Rochester	2014	180.00	8.55	18750.00	—	—
	萨凡纳 Savannah	2014	360.95	24.78	20625.98	238.13	122.82
	里诺 Reno	2014	273.02	11.52	9479.98	137.14	118.02
	纳什维尔 Nashville and Davidson	2014	1346.13	19.83	9847.32	668.02	580.12

单位：万 t 二氧化碳当量 (unit: 10^4 t CO_2-eq)

国家 Country	城市名称 City	时间 Year	总排放量 Total emissions	人均排放 /（t/ 人）Per capita emissions/ (t/person)	地均排放 /（t/km^2）Per land area emissions/(t/km^2)	范围 1 排放量 Direct emissions (Scope1)	范围 2 排放量 Indirect emissions (Scope2)
美国	明尼阿波利斯 Minneapolis	2014	475.85	11.58	34037.82	337.74	178.36
	巴尔的摩 Baltimore	2014	723.09	11.76	34432.66	1203.21	321.14
	爱莫利维尔 Emeryville, CA	2014	17.14	16.22	32964.04	12.71	4.06
	萨默维尔 Somerville, MA	2014	59.81	7.58	58072.14	46.18	12.45
	海沃德 Hayward	2015	110.40	6.94	9435.70	91.51	18.89
	洛思阿图斯山丘 Los Altos Hills	2015	5.72	7.16	2625.83	4.76	0.97
	盐湖城 Salt Lake City	2015	475.24	24.67	16558.84	—	—
	圣利安卓 San Leandro, CA	2015	63.39	7.17	15847.63	51.12	10.23
	兰开斯特 Lancaster	2015	88.52	5.50	9367.30	—	—
	密苏里州哥伦比亚 Columbia, MO	2015	324.76	27.27	19875.02	25.14	299.62
	艾奥瓦 Iowa	2015	104.60	14.09	15969.36	61.25	43.34

单位：万 t 二氧化碳当量 (unit: 10^4 t CO_2-eq)

国家 Country	城市名称 City	时间 Year	总排放量 Total emissions	人均排放 /（t/ 人） Per capita emissions/(t/person)	地均排放 /（t/km^2） Per land area emissions/(t/km^2)	范围 1 排放量 Direct emissions (Scope1)	范围 2 排放量 Indirect emissions (Scope2)
美国	布朗斯维尔 Brownsville	2015	216.57	11.78	5727.73	144.85	71.71
	圣克鲁斯 Santa Cruz, CA	2015	11.21	1.75	2733.51	6.40	4.81
	罗阿诺克 Roanoke	2015	197.17	20.02	17762.87	—	—
	尤金 Eugene	2015	176.78	10.66	15644.16	81.27	95.51
	安娜堡 Ann Arbor	2015	142.00	12.06	19189.19	142.00	—
	圣保罗 Saint Paul, MN	2015	405.79	13.51	27985.82	287.82	117.98
	博尔德 Boulder	2015	170.16	15.88	25396.28	76.82	91.34
	普罗维登斯 Providence	2015	158.54	9.44	35112.56	218.34	38.40
	南卡罗来纳州哥伦比亚 Columbia, SC	2015	184.86	13.86	14004.81	85.87	98.06
	诺克斯维尔 Knoxville	2015	438.37	23.66	17177.52	265.39	164.75
	里士满 Richmond, VA	2015	279.02	12.67	17223.22	136.80	142.22

单位：万 t 二氧化碳当量 (unit: 10^4 t CO_2-eq)

国家 Country	城市名称 City	时间 Year	总排放量 Total emissions	人均排放 /（t/人）Per capita emissions/(t/person)	地均排放 /（t/km²）Per land area emissions/(t/km²)	范围 1 排放量 Direct emissions (Scope1)	范围 2 排放量 Indirect emissions (Scope2)
美国	辛辛那提 Cincinnati	2015	731.81	24.51	59016.57	731.81	305.59
	克利夫兰 Cleveland	2015	768.84	19.38	38250.98	846.06	328.01
	圣路易斯 St Louis	2015	720.33	22.56	42149.02	285.34	423.93
	丹佛 Denver	2015	94.32	1.38	2352.06	431.51	456.56
	坦佩 Tempe, AZ	2015	318.77	18.13	80700.02	128.57	114.45
	亚特兰大 Atlanta	2015	913.93	20.59	26645.15	403.39	485.58
	奥克兰 Oakland	2015	174.58	4.17	12123.80	95.64	78.94
	圣莫尼卡 Santa Monica	2015	111.05	12.07	55524.00	11.90	21.56
	梅德福 Medford	2015	41.03	7.14	18317.19	27.46	12.06
	莱克伍德 Lakewood	2015	165.22	10.83	14429.90	85.60	77.42
	布莱克斯堡 Blacksburg	2015	34.75	7.86	6747.24	12.45	22.30

单位：万 t 二氧化碳当量 (unit: 10^4 t CO_2-eq)

国家 Country	城市名称 City	时间 Year	总排放量 Total emissions	人均排放 /（t/ 人）Per capita emissions/ (t/person)	地均排放 /（t/km^2）Per land area emissions/(t/km^2)	范围 1 排放量 Direct emissions (Scope1)	范围 2 排放量 Indirect emissions (Scope2)
美国	登顿 Denton, TX	2015	160.40	12.24	7041.29	89.87	75.93
	加州布里斯班 Brisbane, CA	2015	14.80	32.16	19736.67	—	—
	达勒姆 Durham	2015	468.11	18.66	16899.34	272.01	197.66
	伊斯顿 Easton, PA	2016	35.09	13.04	29241.67	20.37	14.72
	弗拉格斯塔夫 Flagstaff	2016	142.46	20.75	8633.72	94.97	47.49
	科林斯堡 Fort Collins	2016	204.23	12.69	13893.27	92.72	101.97
	哥伦布 Columbus	2016	1110.19	13.06	19719.14	550.94	559.25
	兰开斯特 Lancaster, PA	2016	36.42	6.07	49887.81	36.42	21.44
	费耶特维尔 Fayetteville, AR	2016	145.48	17.56	10428.54	—	—
	帕罗奥图 Palo Alto	2016	15.39	2.32	2297.73	15.39	—
秘鲁	圣伊西德罗（利马）San Isidro (Lima)	2015	31.82	5.87	32468.50	15.87	21.56

单位：万 t 二氧化碳当量 (unit: 10^4 t CO_2-eq)

国家 Country	城市名称 City	时间 Year	总排放量 Total emissions	人均排放 /（t/ 人）Per capita emissions/(t/person)	地均排放 /（t/km²）Per land area emissions/(t/km²)	范围 1 排放量 Direct emissions (Scope1)	范围 2 排放量 Indirect emissions (Scope2)
墨西哥	莱昂 León de los Aldamas	2013	501.21	3.17	3906.57	404.56	427.62
	圣路易斯波托西 San Luis Potosí	2015	2754.87	33.42	18588.87	2304.21	470.01
南非	纳尔逊·曼德拉 Nelson Mandela Bay	2013	1223.23	10.62	6272.98	224.95	998.28
尼日利亚	伊巴丹 Ibadan	2017	1.00	0.00	3.25	—	—
挪威	贝鲁姆 Bærum	2015	22.80	1.86	1187.30	—	—
葡萄牙	法菲 Fafe	2013	16.38	3.32	748.12	16.34	0.04
	法鲁 Faro	2014	0.02	0.00	1.21	0.01	0.01
	吉马良斯 Guimarães	2014	40.13	2.59	1665.24	27.79	12.34
	里斯本 Lisbon	2014	193.44	3.53	22757.19	102.39	91.05
	圣塔伦 Santarém	2014	24.59	3.98	444.64	—	6.09
	托雷斯韦德拉斯 Torres Vedras	2014	27.56	3.47	677.26	—	—

单位：万 t 二氧化碳当量 (unit: 10^4 t CO_2-eq)

国家 Country	城市名称 City	时间 Year	总排放量 Total emissions	人均排放 /（t/ 人）Per capita emissions/(t/person)	地均排放 /（t/km²）Per land area emissions/(t/km²)	范围 1 排放量 Direct emissions (Scope1)	范围 2 排放量 Indirect emissions (Scope2)
葡萄牙	巴雷罗 Barreiro	2016	28.65	3.64	8681.12	20.17	8.47
瑞士	苏黎世 Zürich	2014	182.24	4.38	19808.34	—	—
	尼永 Nyon	2015	10.38	5.02	15265.74	9.15	1.23
斯洛文尼亚	卢布尔雅那 Ljubljana	2014	206.10	7.15	7494.41	182.98	90.40
土耳其	卡迪奥瓦契克 Kadiovacik	2016	0.04	1.89	0.07	0.04	0.04
西班牙	萨拉戈萨 Zaragoza	2014	178.56	2.54	1825.77	117.52	61.33
新西兰	惠灵顿 Wellington	2014	77.31	3.70	2664.81	62.12	17.18
意大利	乌迪内 Udine	2013	61.36	6.16	10956.93	43.80	17.56
	佛罗伦萨 Firenze	2014	163.03	4.32	15920.98	106.77	56.26
	都灵 Torino	2014	349.62	3.92	26893.51	—	—
	拉文纳 Ravenna	2016	0.93	0.02	13.65	0.92	0.01

单位：万 t 二氧化碳当量 (unit: 10^4 t CO_2-eq)

国家 Country	城市名称 City	时间 Year	总排放量 Total emissions	人均排放 /（t/ 人）Per capita emissions/(t/person)	地均排放 /（t/km^2）Per land area emissions/(t/km^2)	范围 1 排放量 Direct emissions (Scope1)	范围 2 排放量 Indirect emissions (Scope2)
印度尼西亚	茂物 Bogor	2014	219.36	2.09	18511.75	—	123.96
英国	伯恩茅斯 Bournemouth	2013	73.12	3.82	6770.65	—	—
	加的夫 Cardiff	2014	195.99	5.53	13999.29	—	—
	曼彻斯特 Manchester	2014	1689.28	6.12	13228.47	1063.09	669.48
直布罗陀	直布罗陀 Gibraltar	2015	26.34	7.85	39901.82	28.61	15.84

第八部分
附录：研究方法和数据来源

Part Ⅷ Annexes: Research methods and data

1 总体方法（Methodology）

基于中国高空间分辨率排放网格数据 CHRED 3.0（China High Resolution Emission Gridded Database），联合来自 76 个单位的 137 名研究人员，分别从企业、行业、部门和城市层面对涉及城市温室气体排放的活动水平数据进行收集、整理和清洗，同时开展大量的交叉验证和数据分析，最终建立了中国城市 2015 年温室气体排放数据集。

本书在研究过程中的所有数据收集、整理和分析是在中国所有地级行政单位（包括地级市、地区、自治州和盟）层面进行的，覆盖中国所有领土，以便于进行全国、各省、重点行业和部门的数据比对和交叉验证。而成书则是抽取其中地级以上城市建立的中国城市温室气体数据集。

1.1 技术路线（Framework）

中国城市 2015 年温室气体排放数据的建设流程见图 1，参与单位和人员情况见图 2。

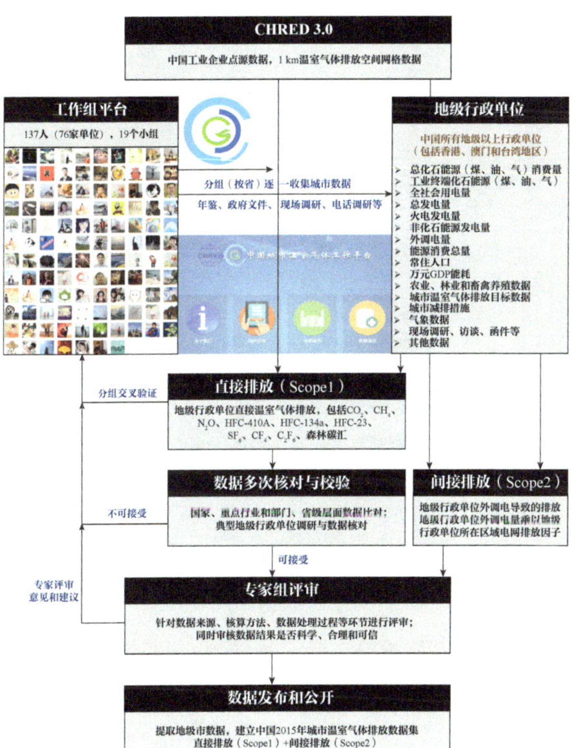

图 1　中国城市 2015 年温室气体排放数据建设流程

Figure 1　Procedures of greenhouse gases data processing

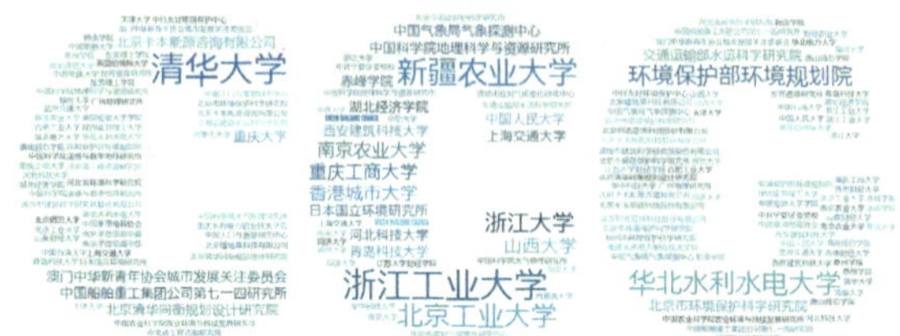

图 2　中国城市温室气体工作组 2015 年数据建设参与单位

Figure 2　Participant organizations of 2015 data building

注：单位字体大小代表参与人数多少。

Note: The size of font represents the number of working people in each organization.

1.2　温室气体种类（Greenhouse gases）

本数据集包括的温室气体及排放部门见表 1。表 1 同时提供了这些部门在国家清单排放中的占比，可以看出，本数据集覆盖所有关键排放部门和中国绝大多数排放。

表 1　数据集包括的温室气体种类

Table 1　Greenhouse gases in this dataset

温室气体	温室气体符号	GWP（100 年）	本数据集包括的排放部门	
			部门	部门排放占全国排放比例
二氧化碳	CO_2	1	工业能源、工业过程、农业、服务业、交通、农村生活、城镇生活、间接排放、森林碳汇	100%

温室气体	温室气体符号	GWP（100年）	本数据集包括的排放部门	
			部门	部门排放占全国排放比例
甲烷	CH_4	28	水稻种植、煤矿开采、动物肠道、动物粪便管理、秸秆燃烧、固体废弃物处理、污水处理	93%
氧化亚氮	N_2O	265	己二酸生产、硝酸生产、粪便管理、农用地	84%
含氟温室气体	HFC-23	12400	HCFC-22 生产	95%
	HFC-134a	1300	汽车空调	
	HFC-410A（HFC-32和HFC-125混合体）	1924	房间空调	
	CF_4	6630	电解铝	
	C_2F_6	11100	电解铝	
	SF_6	23500	电力传输和输配设备	

注：GWP（100 年）来自 IPCC 第五次评估报告；“部门排放占全国排放比例”数据来自《中华人民共和国气候变化第一次两年更新报告》（2016）中的 2012 年中国温室气体清单。

Note: GWP (for the 100-year) = Global Warming Potential (for the 100-year), from The IPCC Fifth Assessment Report; Proportion data of sector emissions to national emissions are from the 2012 China greenhouse gas inventory data in *The People's Republic of China First Biennial Update Report on Climate Change (2016)*.

1.3 活动水平数据（Activity data）

城市基础数据整合了三个来源数据：一是 CHRED 3.0 数据库；二是城市层面的各类官方数据，包括统计年鉴，政府文件和调研报告等；三是中国城市温室气体工作组（China City Greenhouse Gas

Working Group，CCG）现场调研、现场采访、电话咨询和向相关部门发函获取数据等。2015 年城市温室气体相关活动水平数据见图 3。

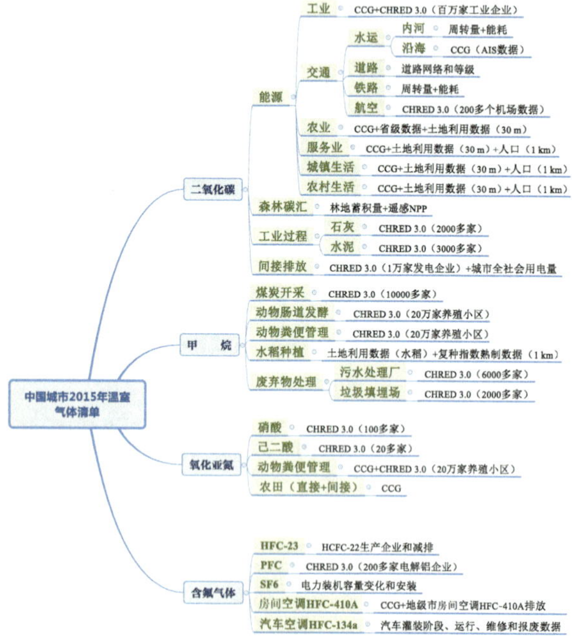

图 3　中国城市 2015 年温室气体活动水平数据结构

Figure 3　Structure of 2015 China city greenhouse gases activity data

注：CCG，中国城市温室气体工作组；NPP，净第一生产力；AIS，船舶自动识别系统。
Note: CCG, China City Greenhouse Gas Working Group; NPP, Net primary production; AIS, Automatic Identification System

1.4　CHRED 3.0

建立高空间分辨率的温室气体排放空间网格数据，并基于此建立小区域排放清单和研究排放空间特征是国际研究的一个重点和热点，当前欧美等国家和区域都已经自下而上地建立了较为成熟的温室气体排放方法体系和空间网格。早期空间化的方法主要以人口、经济等数据间接推算排放空间分布，但随着对空间数据精度要求的不断提高，以及温室气体排放监测、报告和核查的更趋严格，基于排放源自下而上实现高质量温室气体排放空间数据成为研究主流和重点。基于排放点源实现空间化方法简单、准确，而且数据的可靠性和实际空间分辨率要远远高于基于替代数据实现的空间化结果。

参考国际主流自下而上的空间化方法，结合中国的实际情况和数据特点，建立基于点排放源自下而上的空间化方法，结合点排放源（工业企业、污水处理厂、垃圾填埋场、畜禽养殖场/小区、煤矿开采、水运船舶等）和其他线源（交通源）、面源（农业、生活源等）数据，实现 1 km 温室气体排放网格数据，及数据的空间精度和不确定性分析方法。点源数据的空间位置精度采用双重控制：排放源经纬度数据和基于 API Geocoding 技术的空间坐标和地址匹配验证。CHRED 数据突出了排放的空间化和空间分布格局，强调排放数据的空间精度，当前已更新至 3.0 版本（2018 年）。CHRED 3.0 包括多时间序列的中国高空间分辨率排放网格数据，其中 2015 年数据为全口径温室气体网格数据（CO_2、CH_4、N_2O、HFC-410A、HFC-134a、HFC-23、SF_6、CF_4、C_2F_6、森林碳汇）和 43 个温室气体排放图层（分部门和能源类型等见图 4）。

图 4　CHRED 3.0 包括的温室气体排放图层

Figure 4　Emission gridded data of CHRED 3.0

1.5　排放因子（Emission factors）

如无特殊说明，本书中的排放因子都源自《中国 2005 年温室气体清单研究》(2014) 和《中国 2008 年温室气体清单研究》(2014)，这是中国国家信息通报中排放清单的基础，推荐了中国分行业、分能源类型和分燃烧设备的排放因子，数据详尽。

1.6　数据验证和分析方法（Verification and analysis）

中国城市温室气体工作组分为 13 个城市组和 6 个专题组，共同完成数据收集、分析和验证工作（图 1 和图 5）。各组独立工作，并根据整体方案建立各组自己的详细工作方案。各组初步结果完成后，进行组间交叉检查，最终结果由技术组和专家组审核，针对具体问题逐一与具体城市负责人质疑和讨论。中国城市温室气体工作组进行了大量的现场走访和调研，尤其是针对与城市能源相关的部门及重点企业进行了现场访谈和咨询，获取了大量的第一手数据；对于无法进行现场调研的城市，工作组采用了电话、正式发函（以负责具体城市的工作组成员所在单位为发函方）、电子邮件（主要是针对有在线服务平台的城市）等形式，与城市相关部门取得联系，获得了城市部门化石能源消费数据。

图5　中国城市温室气体工作组工作现场

Figure 5　Works and meetings of China city greenhouse gases working group

1.7 城市范围（City coverage）

根据《中国统计年鉴 2016》，2015 年中国（不包括港澳台）共有 291 个地级市。本数据集涉及的城市包括地级市（290 个，不包括三沙市）、直辖市（4 个）、香港（1 个）、澳门（1 个）和台湾地区（9 个），共计 305 个中国城市（图 6）。

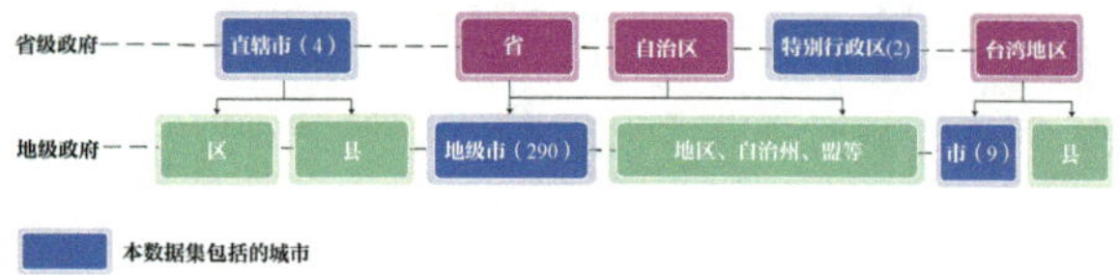

图 6　城市范围

Figure 6　City coverage

注：本数据集不包括其他地级行政单位（各省的地区、自治州和盟）以及中国台湾地区的县。

Note: The other prefecture-level administrative units (regions, autonomous prefectures and alliances in provinces) and counties in Taiwan are not included in this dataset.

中国部分特殊行政区划单位由于缺乏基础数据，因而将其归并为相应的地级市中：定州市（河北直辖）归属保定市；黑龙江省直辖县级行政区划（绥芬河市）归属牡丹江市；黑龙江省农垦总局归属哈尔滨市；平潭综合实验区归属福州市；广东省省直辖县级行政区划（顺德区）归属佛山市；滇中产业（聚集区）新区归属昆明市；杨凌示范区归属咸阳市；甘肃矿区归属酒泉市；宁东地区归属银川市；第十师（北屯市）归属阿勒泰市；第十二师归属乌鲁木齐市；第十三师归属哈密市等。

本数据集中的城市指的都是中国地级行政单位，其和西方国家的城市在地理边界上有着较大差别（图 7）。中国城市和西方城市最根本的区别就在于建制市的管辖范围：西方城市的核心和主要部分是城市建成区，其强调的是城市自治，而不是行政区划等级；中国所实行的市制是以城市建成区为中心，包括周围的广大农村，还可能包括一些相对较小城市的一种建制和行政区划等级。从行政区划的角度来说，中国的城市包含了大量的农村、林地、水域、沼泽等生态系统类型，而西方的城市都是城市型建制，其建制与省（州）、县建制是完全不同的两种区划建制类型。所以，西方的 County（县或郡）在地域上可能会包含很多个城市，而其城市则一般不辖有农村地区。

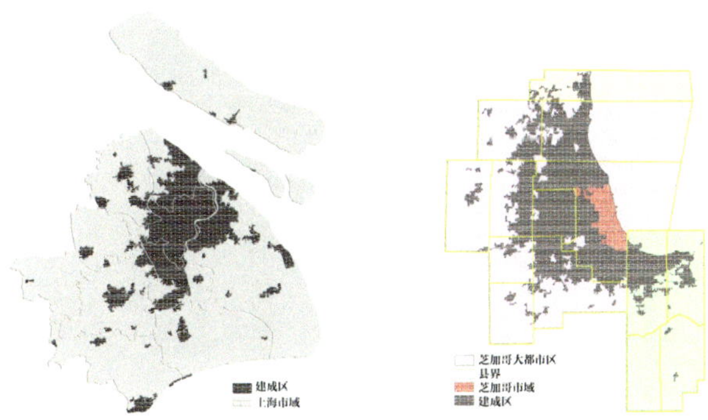

图 7 上海和芝加哥市域范围比较

Figure 7 City boundaries of Shanghai and Chicago

1.8 长江三角洲地区 1 km 温室气体排放网格

（Greenhouse gas emissions of the Yangtze River Delta region）

以长江三角洲地区（简称长三角地区）为例展示区域排放空间特征和城市格局（图 8、图 9）。

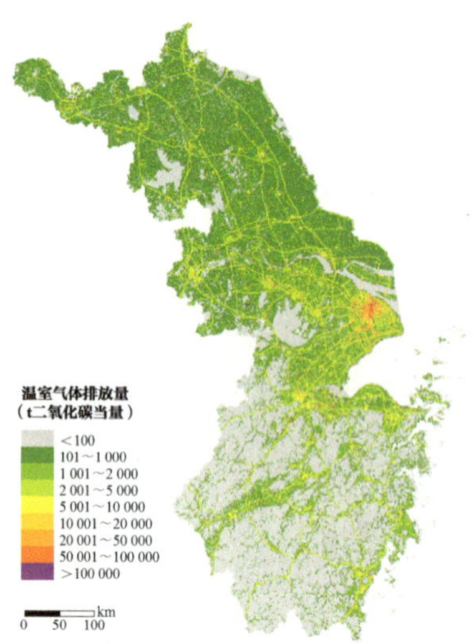

图 8 中国长江三角洲地区 1 km 温室气体排放

Figure 8 1 km resolution gridded map of greenhouse gas emissions of Yangtze River Delta Region

注：温室气体包括二氧化碳、甲烷、氧化亚氮、含氟温室气体和森林碳汇。

Note: Total greenhouse gas include carbon dioxide, methane, nitrous oxide, fluorinated greenhouse gases, and forest carbon sequestration.

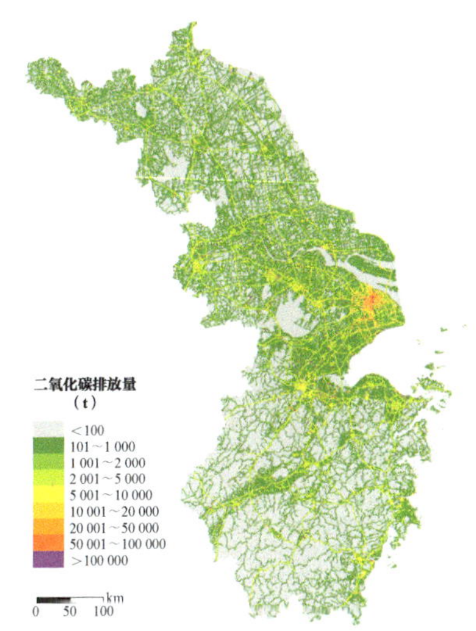

图 9 中国长江三角洲地区 1 km 二氧化碳排放

Figure 9 1 km resolution gridded map of CO_2 emissions of Yangtze River Delta Region

图 8 显示了长三角地区 2015 年温室气体排放网格（1 km）。可以看出，上海是长三角地区排放的核心城市，很多网格排放量都超过了 5 万 t；杭州、南京、宁波、常州等地都是排放的热点地区。整体特点是，高排放网格往往都在重点城市及其周边，凸显出城市对于排放的强劲影响。2015 年温室气体排放与 2015 年二氧化碳网格（图

9）相比，出现了较大差异。长三角地区北部由于有大片平原和农田，导致出现了农田温室气体（甲烷和氧化亚氮）排放，而长三角地区南部由于以山地丘陵为主，农田排放较少而森林碳汇量较大，因而出现大片低排放地区。

2　二氧化碳核算方法
（Methods of carbon dioxide emission calculation）

借鉴国际上较为成熟和应用广泛的城市 CO_2 排放核算方法，结合中国城市的实际情况，计算中国城市范围 1 和范围 2 排放。范围 1 排放是城市行政边界内的所有直接排放，范围 2 排放是城市由于向外界购买电力导致的间接排放。

2.1　农业（Agriculture）

◆ 各省农业的化石能源消费量和排放量；

◆ 在各省农田空间分布（30 m 分辨率）上平均分配各省排放量；

◆ 基于中国城市 GIS 空间边界，汇总形成每个城市农业排放量。

2.2　工业能源活动（Industrial energy）

◆ CHRED 3.0 企业点源数据，中国城市温室气体工作组（11 个国内组）大量城市和企业调研；

◆ 工业企业化石能源消费量和排放量；

◆ 基于中国城市 GIS 空间边界，汇总形成每个城市工业排放量。

2.3　服务业（Service）

◆ 包括《中国能源统计年鉴》中的能源平衡表中批发、零售业和住宿、餐饮业以及“四 . 终端消费量”中的“其他”；

◆ 各省服务业的化石能源消费量和排放量；

◆ 在各省城镇建设用地（30 m 分辨率）空间数据上，以常住人口数（空间数据）为权重分配各省排放量；

◆基于中国城市 GIS 空间边界，汇总形成每个城市服务业排放量。

2.4 城镇生活（Urban household）

◆各省城镇生活中化石能源消费量和排放量；

◆在各省城镇建设用地（30 m 分辨率）空间数据上，以常住人口数（空间数据）为权重分配各省排放量。

2.5 农村生活（Rural household）

◆各省农村生活中化石能源消费量和排放量；

◆在各省农村居民点（30 m 分辨率）空间数据上，以常住人口数（空间数据）为权重分配各省排放量。

2.6 交通（Transport）

2.6.1 道路（Road）

◆基于各省道路交通能源消费量计算排放量，具体计算方法见文献（Cai et al.,2012）；

◆根据《公路工程技术标准》（JTG B01—2003），中国全国道路网络（GIS 数据）分为高速公路、一级、二级、三级、四级；以不同道路等级设计日交通量（辆）为权重，将各省交通排放分配至每 1 km 空间网格中的每条路段；

◆基于中国城市 GIS 空间边界，汇总形成每个城市道路交通排放量。

2.6.2 铁路（Railway）

◆基于各省铁路周转量（客运＋货运）和能源消费数据，计算各省铁路排放量；

◆根据各省铁路网络数据（GIS 数据），将各省铁路排放分配至每 1 km 空间网格中的每段铁路；

◆基于中国城市 GIS 空间边界，汇总形成每个城市铁路交通排放量。

2.6.3 航空（Aviation）

◆基于每个机场油品消费量计算每个机场排放量；

◆利用各省“交通运输、仓储和邮政业”中煤油消费量验证各省机场煤油消费量加和；

◆不考虑国际航空。

2.6.4 水运（Waterborne navigation）

◆基于各省内河水运周转量（客运＋货运）和能源消费数据，计算各省内河水运排放量；

◆根据各省水运主航道数据（GIS 数据），将各省内河水运排放分配至每 1 km 空间网格中的每条航道；

◆基于中国城市 GIS 空间边界，汇总形成每个城市内河水运排放量；

◆沿海水运基于沿海船舶的 AIS 系统（Automatic Identification System）数据逐一计算每支船舶的二氧化碳排放，AIS 系统是船舶自动识别系统，实时获取船舶的船速、航行时间、地理位置、主机功率、辅机功率等数据；

◆不考虑国际航海。

2.7 工业过程（Industrial processes）

◆ CHRED 3.0 中的水泥企业数据，包括熟料产量和化石能源消费量；

◆ CHRED 3.0 中的石灰企业数据，包括石灰产量和化石能源消费量。

2.8 间接排放（Indirect emissions）

间接排放采用城市范围内的外调电量乘以城市所在区域电网排放因子。城市外调电量＝城市用电量－城市发电量（当“城市外调电量”＜0，将其取值设为0）。城市发电量（化石能源发电量＋非化石能源发电量）是基于发电企业点源数据库统计的各城市范围内的发电量。中国化石能源电厂的发电量及空间位置来自 CHRED 3.0；非化石能源电厂（水电、风电、核电、生物质燃料发电和太阳能发电）的发电量及空间位置来自《中国电力工业统计资料汇编 2015》。

2.9 林业碳汇（Forestry carbon sequestration）

乔木林地、灌木林地、疏林地、竹林和其他生物质五种林地蓄积量变化与 MODIS NPP 产品结合建模，计算各地级行政单位林业碳汇。

3 甲烷核算方法

(Methods of methane emission calculation)

3.1 水稻种植（Rice cultivation）

◆中国水稻面积和空间分布数据（30 m 分辨率）；

◆基于水稻熟制数据（中国科学院资源环境科学数据中心）和《中国 2008 年温室气体清单研究》确定不同水稻田的排放因子。

3.2 煤炭开采（Coal mining）

煤炭开采企业和煤炭产量数据来自 CHRED 3.0。

3.3 动物肠道发酵和动物粪便管理（Enteric fermentation）

◆中国地级行政单位养殖动物数据，动物种类选择了牛、猪、羊和家禽，指标选择存栏量；

◆收集到的各地级行政单位存栏量数据总和要大于国家统计的总量（分动物种类），因而根据国家总量数据调整各省总量数据，进而进一步校正地级行政单位总量数据；

◆考虑到中国部分省份存在放牧情况，还有部分省份基本上没有放牧的情况，按照《中国畜牧兽医年鉴 2016》中的半牧区省份的统计，将排放因子按半放牧区和非放牧区进行分别计算。半放牧区中将规模化饲养、农户散养和放牧饲养的排放因子进行平均，再根据各省份各类牲畜的头数对牛和羊的排放因子按照数量进行加权平均，计算出牛、羊的加权排放因子。非放牧区中将规模化饲养和农户散养的排放因子进行平均，再根据各省份各类牲畜的头数对牛和羊的排放因子按照数量进行加权平均，计算出牛、羊的加权排放因子。

3.4 秸秆燃烧（Burning of agricultural residues）

◆农村炉灶燃烧（非农田燃烧）；

◆中国地级行政单位各类作物产量，农作物类型选择玉米、水稻、小麦、其他谷物、棉花、油菜、花生、豆类、薯类九大类农作物；

◆秸秆燃烧甲烷排放＝作物产量 × 作物草谷比 × 排放因子 × 秸秆燃料化率；

◆草谷比数据来源于国家发展和改革委员会办公厅、原农业部办公厅关于开展《农作物秸秆综合利用规划终期评估的通知》（发改办环资〔2015〕3264 号）；

◆秸秆燃料化率来源于《关于编制“十三五”秸秆综合利用实施方案的指导意见》。

3.5 垃圾填埋场（Landfills）

◆垃圾填埋场数据来自 CHRED 3.0；

◆基于经验模型计算甲烷排放（蔡博峰，2016），该方法是在全国 2012 年 1955 个垃圾填埋场甲烷排放数据［基于 IPCC 推荐的 FOD（一级降解动力学方法）自下而上逐一计算］的基础上建立的经验模型（分规模、分区域模型）。

3.6 污水处理厂（Wastewater treatment）

◆污水处理厂数据来自 CHRED 3.0；

◆排放因子来源于文献（蔡博峰 等，2015）。

4　氧化亚氮核算方法

（Methods of nitrous oxide emission calculation）

4.1　己二酸和硝酸（Adipic acid）

己二酸和硝酸生产企业数据来自 CHRED 3.0。

4.2　动物粪便管理（Manure management）

中国地级行政单位养殖动物数据同 3.3。

4.3　农用地直接排放（Agricultural lands direct emissions）

◆ 氧化亚氮直接排放＝（化肥氮＋粪肥氮＋秸秆还田氮）× 排放因子；

◆ 化肥氮＝氮肥＋复合肥 ×35%；

◆ 粪肥氮＝［（畜禽总排泄氮量－放牧－做燃料）＋乡村人口总排泄氮量］×（1－淋溶径流损失率 ×15%－挥发损失率 ×20%）－畜禽粪便管理系统排放氮量；

◆ 畜禽总排泄氮量＝不同动物氮排泄量 × 动物数量；

◆ 乡村人口总排泄氮量＝氮排泄量 × 乡村人口数量；

◆ 畜禽粪便管理系统排放氮量＝不同动物数量 × 排放因子 ×28/44；

◆ 秸秆还田氮＝地上秸秆还田氮量＋地下根氮量＝（作物籽粒氮量 / 经济系数－作物籽粒氮量）× 秸秆还田率 × 秸秆含氮率＋作物籽粒氮量 / 经济系数 × 根冠比 × 根或秸秆含氮率；

◆ 作物籽粒氮量＝籽粒产量 × 干重比 × 籽粒含氮量。

4.4 农用地间接排放（Agricultural lands indirect emissions）

- ◆包括氮沉降氧化亚氮排放和氮淋溶氧化亚氮排放；
- ◆氮沉降氧化亚氮排放 =（氮排泄 ×20% + 氮输入农田 ×10%）×0.01；
- ◆氮排泄＝畜禽总排泄氮量＋乡村人口总排泄氮量；
- ◆氮输入农田＝化肥氮＋粪肥氮＋秸秆还田氮；
- ◆氮淋溶氧化亚氮排放 = 氮输入农田 ×20%×0.0075。

5 含氟温室气体核算方法

（Methods of Fluorinated greenhouse gases emission calculation）

5.1 房间空调 HFC-410A（Building air-condition HFC-410A）

数据来源：中国气象局气象探测中心 . 中国地级市房间空调 HFC-410A 排放量 .2018.

5.2 电力传输和输配设备 SF_6

（SF_6 in Power transmission and distribution）

◆ 电力设备排放 SF_6 可分为四个环节：生产过程排放、安装阶段排放、使用维护阶段排放以及报废处理阶段排放。由于中国大部分高压开关仍未处于报废处理阶段，本书暂不考虑此阶段排放。

◆ 生产阶段和安装阶段活动水平数据在断路器制造厂商中进行，并且一般的生产厂商在安装时都会使用自备的 SF_6 气体进行充气、灌装，因此生产阶段和安装阶段的气体泄漏水平很难分开计算。

◆ 本部分数据依托 2008 年的活动水平进行评估，评估时认为所生产的设备均在当年用于电力系统中，其数量与当年新增加的装机容量相关。因此，2015 年的活动水平利用按以下公式进行评估：

$$2015\text{ 年生产和安装阶段活动水平} = 2008\text{ 年活动水平} \times \frac{2015\text{ 年新增装机容量}}{2008\text{ 年新增装机容量}}$$

◆ 使用阶段和维护阶段活动水平数据计算方法与上式相同，具体公式为：

$$2015\text{ 年使用和维护阶段活动水平} = 2008\text{ 年活动水平} \times \frac{2015\text{ 年新增装机容量}}{2008\text{ 年新增装机容量}}$$

5.3 汽车空调 HFC-134a（Vehicle air-conditioner HFC-134a）

◆汽车类型分为轿车、载货汽车和客车三类；

◆HFC-134a 排放过程存在于三个阶段，即灌装阶段、运行和维修阶段、报废阶段；

◆计算过程中排放因子数据来自文献（Su et al., 2015）。

5.4 HFC-23

◆HFC-23 的排放量＝HCFC-22 生产量 × 排放因子－进入焚烧炉焚烧的 HFC-23 量＋直接排空的 HFC-23 量；

◆HCFC-22 的生产量、排放因子和 HFC-23 的焚烧量与直接排空量的数据获取主要以国家发展和改革委员会提供的《关于 2015 年氢氟碳化物处置核查情况的公示》为主，以《关于 2015 年度氢氟碳化物处置情况等材料的公示》为辅。

5.5 电解铝 CF_4 和 C_2F_6（CF_4 and C_2F_6 in aluminum production）

◆电解铝生产过程中阳极效应产生的 CF_4 和 C_2F_6 排放；

◆电解铝生产企业数据来自 CHRED 3.0。

6 中国港澳台地区（Hong Kong, Macao and Taiwan Area）

◆中国城市温室气体工作组港澳台工作组工作成果；

◆中国香港和澳门各作为一个城市，其温室气体排放数据主要来自其官方温室气体排放报告、环境状况报告和其他相关公开数据；

◆中国台湾地区中9个城市（台北市、新北市、桃园市、台中市、台南市、高雄市、基隆市、新竹市、嘉义市）的温室气体排放数据主要来自其各类公开数据和中原大学相关计算。

7 国际城市（International cities）

◆中国城市温室气体工作组国际城市工作组工作成果；

◆在城市空间范围、清单边界、清单年份（选择标准是2015年±2，方便和中国城市数据比较）和清单方法学上，国际城市内部以及国际城市和中国城市之间都有一定程度的差异；

◆例如C40城市，其清单方法学是“Global Protocol for Community-Scale Greenhouse Gas Emission Inventories”（2014），该方法学将城市所有从电网上消费的电力所引发的排放都算做范围2排放，这样导致城市范围内各个部门（建筑、工业、交通等）都出现了范围2排放，并且范围1和范围2无法加和（出现重复计算），但最终总排放加和（BASIC＋）和本书的总排放（范围1＋范围2）基本一致，所以总排放采用的是BASIC＋排放（表2）。

表2 国际城市清单范围和本数据集清单范围比较

Table 2 Comparison of inventory coverage between international city and this dataset

<table>
<tr><th colspan="2">WRI/C40/ICLEI</th><th colspan="2">本数据集对应部门</th></tr>
<tr><th>范围1</th><th>范围2</th><th>范围1</th><th>范围2</th></tr>
<tr><td>居民建筑</td><td>电力使用</td><td>城镇生活＋农村生活</td><td rowspan="6">外调电力排放</td></tr>
<tr><td>商业建筑</td><td>电力使用</td><td>服务业</td></tr>
<tr><td>制造业</td><td>电力使用</td><td>工业
（不包括电力生产）</td></tr>
<tr><td>发电上网</td><td></td><td>火电</td></tr>
<tr><td>农林业</td><td>电力使用</td><td>农业</td></tr>
<tr><td>能源开采逃逸</td><td>电力使用</td><td>煤矿开采</td></tr>
</table>

WRI/C40/ICLEI		本数据集对应部门	
范围 1	范围 2	范围 1	范围 2
交通（道路、铁路、水运、航空和非道路）	电力使用	交通（道路、铁路、水运和航空）	外调电力排放
废弃物处理（生物处理、垃圾焚烧、垃圾填埋、废水处理）	电力使用	废弃物处理（垃圾填埋、废水处理）	
工业过程和产品使用		工业过程和产品使用	
畜禽养殖		畜禽养殖	
林业和土地利用		林业和土地利用	
农业其他		水稻种植	
BASIC（绿色部分）		无	
BASIC ＋（绿色部分＋蓝色部分）		基本相当于总排放（范围 1 ＋范围 2）	

参考文献
References

［1］(WRI) World Resources Institute, C40 Cities Climate Leadership Group, (ICLEI) Local Governments for Sustainability. Global Protocol for Community-Scale Greenhouse Gas Emission Inventories-An Accounting and Reporting Standard for Cities[R]. 2014.

［2］Cai B F, Liang S, Zhou J, et al. China high resolution emission database (CHRED) with point emission sources, gridded emission data, and supplementary socioeconomic data[J]. Resources, Conservation and Recycling, 2018, 129: 232-239.

［3］Cai Bofeng, Yang Weishan, Cao Dong,et al. Estimates of China's national and regional transport sector CO_2 emissions in 2007[J].Energy Policy, 2012, 41: 474-483.

［4］IPCC. Climate Change 2014: Mitigation of Climate Change[M]. Contribution of Working Group III to the Fifth Assessment Report of the Intergovernmental Panel on Climate Change. Cambridge, United Kingdom and New York, USA: Cambridge University Press, 2014.

［5］UNEP, UN-HABITAT, The World Bank. International Standard for Determining Greenhouse Gas Emissions for Cities[S]. 2010.

［6］蔡博峰.城市温室气体清单核心问题研究[M].北京:化学工业出版社, 2014.

［7］国家发展和改革委员会应对气候变化司.中国温室气体清单研究2005[M].北京:中国环境出版社, 2014.

［8］国家发展和改革委员会应对气候变化司.中国2008年温室气体清单研究[M].北京:中国计划出版社, 2014.

［9］国家发展和改革委员会.省级温室气体清单编制指南（试行）[R]. 2011.

［10］国家统计局能源统计司.中国能源统计年鉴2016[M].北京:中国统计

出版社, 2017.

[11] 国家统计局农村社会经济调查司.中国农村统计年鉴2016[M].北京:中国统计出版社, 2016.

[12] 国家统计局人口和就业统计司.中国人口和就业统计年鉴[M].北京:中国统计出版社, 2016.

[13] 环境保护部科技标准司.非道路移动源大气污染物排放清单编制技术指南（试行）[R]. 2015.

[14] 铁道部统计中心.中华人民共和国铁道部2015年铁道统计公报[EB]. 统计公报, 2016.

[15] 张暖.中国交通年鉴2016 [M].北京:中国交通年鉴社, 2016.

[16] 中国电力联合会. 2015年电力工业统计资料汇编[G]. 2016.

[17] 中国科学院资源环境科学数据中心. http://www.resdc.cn/, 2018.

[18] 中国民航局. 2015年民航行业发展统计公报[EB]. 统计公报, 2016.

[19] 中国农业年鉴委员会.中国农业年鉴（2016）[G].北京:中国农业出版社, 2016.

[20] 国家统计局.中国统计年鉴2016[M].北京:中国统计出版社, 2016.

北京市

[21] 北京市统计局.北京统计年鉴2016[M].北京:中国统计出版社, 2016.

天津市

[22] 天津市统计局.天津统计年鉴2016[M].北京:中国统计出版社, 2016.

河北省

[23] 石家庄市统计局.石家庄统计年鉴2016[M].北京:中国统计出版社, 2016.

[24] 唐山市统计局.唐山统计年鉴2016[M].北京:中国统计出版社, 2016.

[25] 秦皇岛市统计局.秦皇岛统计年鉴2016[M].北京:中国统计出版社, 2016.

[26] 邯郸市统计局.邯郸统计年鉴2016[M].北京:中国统计出版社, 2016.

[27] 邢台市人民政府办公室等.邢台统计年鉴2016[M].北京:中国统计出版社, 2016.

[28] 保定市统计局.保定经济统计年鉴2016[M].北京:中国统计出版社, 2016.

[29] 方继斌.张家口经济统计年鉴2016[M].北京:中国统计出版社, 2016.

[30] 承德市统计局.承德统计年鉴2016[M].北京:中国统计出版社, 2016.

[31] 沧州市统计局.沧州统计年鉴2016[M].北京:中国统计出版社, 2016.

[32] 廊坊市统计局.廊坊统计年鉴2016[M].北京:中国统计出版社, 2016.

[33] 吴晓华.河北经济年鉴2016[M].北京:中国统计出版社, 2016.

[34] 衡水市地方志编纂委员会.衡水年鉴2016[M].石家庄:河北人民出版社, 2016.

山西省

[35] 太原市统计局.太原统计年鉴2016[M].北京:中国统计出版社, 2016.

[36] 大同市统计局.大同统计年鉴2016[M].北京:中国统计出版社, 2016.

[37] 阳泉市统计局.阳泉统计年鉴2016[M].北京:中国统计出版社, 2016.

[38] 申林科.长治统计年鉴2016[M].北京:中国统计出版社, 2016.

[39] 晋城市统计局.晋城统计年鉴2016[M].北京:中国统计出版社, 2016.

[40] 朔州市统计局.朔州统计年鉴2016[M].北京:中国统计出版社, 2016.

[41] 王爱婕.晋中统计年鉴2016[M].北京:中国统计出版社, 2016.

[42] 运城市统计局.运城统计年鉴2016[M].北京:中国统计出版社, 2016.

[43] 忻州市统计局.忻州统计年鉴2016[M].北京:中国统计出版社, 2016.

[44] 临汾市统计局.临汾统计年鉴2016[M].北京:中国统计出版社, 2016.

[45] 吕梁市统计局.吕梁市2015年国民经济和社会发展统计公报[EB].统计公报, 2016.

内蒙古自治区

[46] 内蒙古自治区统计局.“十二五”时期能源统计资料（2011—2015）[M].内蒙古自治区统计局, 2016.
[47] 内蒙古自治区统计局.内蒙古统计年鉴2016[M].北京:中国统计出版社, 2016.
[48] 呼和浩特市统计局.呼和浩特统计年鉴2016[M].北京:中国统计出版社, 2016.
[49] 包头市统计局.包头统计年鉴2016[M].北京:中国统计出版社, 2016.
[50] 赤峰市统计局.赤峰统计年鉴2016[R]. 2016.
[51] 通辽市统计局.通辽市统计年鉴2016[R]. 2016.
[52] 马玉清.鄂尔多斯统计年鉴2016[M].北京:中国统计出版社, 2016.
[53] 呼伦贝尔市统计局.呼伦贝尔统计年鉴2016[R]. 2016.
[54] 呼伦贝尔市统计局.呼伦贝尔2015能源平衡表[R]. 2015.
[55] 巴彦淖尔市统计局.巴彦淖尔统计年鉴2016[R]. 2016.
[56] 巴彦淖尔市统计局.巴彦淖尔2015能源平衡表[R]. 2015.
[57] 乌兰察布市统计局.乌兰察布统计年鉴2016[R]. 2016.
[58] 乌兰察布市统计局.乌兰察布2015能源平衡表[R]. 2015.
[59] 兴安盟统计局.兴安盟统计年鉴2015[R]. 2015.
[60] 锡林郭勒盟统计局.锡林郭勒盟统计年鉴2016[R]. 2016.
[61] 锡林郭勒统计局.锡林郭勒2015能源平衡表[R]. 2015.
[62] 阿拉善盟市统计局.阿拉善盟统计年鉴2015[R]. 2015.

辽宁省

[63] 辽宁省统计局.辽宁省统计年鉴2016[M].北京:中国统计出版社, 2016.
[64] 沈阳市人民政府办公厅.关于印发《沈阳市2016年煤炭消费总量控制方案》的通知[EB].沈阳市人民政府, 2016.

[65] 沈阳市统计局.沈阳统计年鉴2016[R]. 2016.
[66] 大连市统计局.大连统计年鉴2016[M].北京:中国统计出版社, 2016.

吉林省

[67] 长春市统计局.长春统计年鉴2016[M].北京:中国统计出版社, 2016.
[68] 吉林市社会经济统计年鉴编委会.吉林社会经济统计年鉴2016[R]. 2016.
[69] 四平市统计局.四平统计年鉴2016[M].北京:中国统计出版社, 2016.
[70] 辽源市统计局.辽源统计年鉴2016[R]. 2016.
[71] 通化市统计局.通化统计年鉴2016[M].北京:中国统计出版社, 2016.
[72] 白山市统计局.白山统计年鉴2016[R]. 2016.
[73] 松原市统计局.松原市2016年国民经济和社会发展统计公报[EB].统计公报, 2016.
[74] 白城市统计局.白城统计年鉴2016[M].香港:中国国际图书出版社, 2016.
[75] 延边州统计局.延边统计年鉴2016[M].香港:中国国际图书出版社, 2016.

黑龙江省

[76] 刘彪.哈尔滨统计年鉴2016[M].北京:中国统计出版社, 2016.
[77] 齐齐哈尔市统计局.齐齐哈尔统计年鉴2016[M].北京:中国统计出版社, 2016.
[78] 鸡西市统计局.鸡西国民经济统计年鉴2016[R]. 2016.
[79] 鸡西市统计局.鸡西统计年鉴2016[R]. 2016.
[80] 鹤岗市统计局.鹤岗统计年鉴2016[R]. 2016.
[81] 双鸭山市统计局.双鸭山统计年鉴2016[M].北京:中国统计出版社, 2016.

[82] 赵树民.大庆统计年鉴2016[R]. 2016.
[83] 伊春市统计局.伊春统计年鉴2016[R]. 2016.
[84] 《佳木斯经济统计年鉴》编辑委员会.佳木斯经济统计年鉴2016[R]. 2016.
[85] 黑龙江统计局.黑龙江统计年鉴2016[M].北京:中国统计出版社,2016.
[86] 牡丹江市统计局.牡丹江统计年鉴2016[R]. 2016.
[87] 黑河市统计局.黑河统计年鉴2016[R]. 2016.
[88] 绥化市统计局.绥化统计年鉴2016[R]. 2016.
[89] 大兴安岭地区行署统计局.大兴安岭统计年鉴2016[R]. 2016.

上海市

[90] 上海市统计局.上海统计年鉴2016[M].北京:中国统计出版社, 2016.

江苏省

[91] 江苏省统计局.江苏统计年鉴2016[M].北京:中国统计出版社, 2016.
[92] 南京市统计局.南京统计年鉴2016[M].北京:中国统计出版社, 2016.
[93] 无锡市统计局.无锡统计年鉴2016[M].北京:中国统计出版社, 2016.
[94] 徐州市统计局.徐州统计年鉴2016[M].北京:中国统计出版社, 2016.
[95] 常州市统计局.常州统计年鉴2016[M].北京:中国统计出版社, 2016.
[96] 苏州市统计局.苏州统计年鉴2016[M].北京:中国统计出版社, 2016.
[97] 南通市统计局.南通统计年鉴2016[M].北京:中国统计出版社, 2016.
[98] 连云港市统计局.连云港统计年鉴2016[M].北京:中国统计出版社,2016.
[99] 淮安统计局.淮安统计年鉴2016[M].北京:中国统计出版社, 2016.
[100] 盐城市统计局.盐城统计年鉴2016[M].北京:中国统计出版社, 2016.
[101] 扬州市统计局.扬州统计年鉴2016[M].北京:中国统计出版社, 2016.

[102] 镇江市统计局.镇江统计年鉴2016[M].北京:中国统计出版社, 2016.
[103] 泰州市统计局.泰州统计年鉴2016[M].北京:中国统计出版社, 2016.
[104] 宿迁市统计局.宿迁统计年鉴2016[M].北京:中国统计出版社, 2016.

浙江省

[105] 杭州市统计局.杭州统计年鉴2016[M].北京:中国统计出版社, 2016.
[106] 宁波市统计局.宁波统计年鉴2016[M].北京:中国统计出版社, 2016.
[107] 温州市统计局.温州统计年鉴2016[M].北京:中国统计出版社, 2016.
[108] 嘉兴市统计局.嘉兴统计年鉴2016[M].北京:中国统计出版社, 2016.
[109] 湖州市统计局.湖州统计年鉴2016[M].北京:中国统计出版社, 2016.
[110] 绍兴市统计局.绍兴统计年鉴2016[M].北京:中国统计出版社, 2016.
[111] 金华市统计局.金华统计年鉴2016[M].北京:中国统计出版社, 2016.
[112] 衢州市统计局.衢州统计年鉴2016[M].北京:中国统计出版社, 2016.
[113] 舟山市统计局.舟山统计年鉴2016[M].北京:中国统计出版社, 2016.
[114] 台州市统计局.台州统计年鉴2016[M].北京:中国统计出版社, 2016.
[115] 丽水市统计局.丽水统计年鉴2016[R]. 2016.

安徽省

[116] 安徽省统计局.安徽统计年鉴2016[M].北京:中国统计出版社, 2016.
[117] 合肥市统计局.合肥统计年鉴2016[M].北京:中国统计出版社, 2016.
[118] 芜湖市统计局.芜湖统计年鉴2016[R]. 2016.
[119] 蚌埠市统计局.蚌埠统计年鉴2016[R]. 2016.
[120] 淮南市统计局.淮南统计年鉴2016[R]. 2016.
[121] 马鞍山市统计局.马鞍山统计年鉴2016[M].北京:中国统计出版社, 2016.
[122] 淮北市统计局.淮北统计年鉴2016[R]. 2016.
[123] 铜陵市统计局.铜陵统计年鉴2016[R]. 2016.

［124］安庆市统计局.安庆统计年鉴2016[M].北京:中国统计出版社, 2016.
［125］黄山市统计局.黄山统计年鉴2016[R]. 2016.
［126］滁州市统计局.滁州统计年鉴2016[R]. 2016.
［127］阜阳市统计局.阜阳统计年鉴2016[R]. 2016.
［128］宿州市统计局.宿州统计年鉴2016[R]. 2016.
［129］六安市统计局.六安统计年鉴2016[R]. 2016.
［130］亳州市统计局.亳州统计年鉴2016[R]. 2016.
［131］池州市统计局.池州统计年鉴2016[R]. 2016.
［132］宣城市统计局.宣城统计年鉴2016[R]. 2016.

福建省

［133］三明市人民政府办公室.关于印发《三明市“十三五”能源发展专项规划》的通知[EB].三明市人民政府办公室, 2017.
［134］福州市统计局.福州市统计年鉴2016[M].北京:中国统计出版社, 2016.
［135］厦门市统计局.厦门统计年鉴2016[M].北京:中国统计出版社, 2016.
［136］莆田市统计局.莆田统计年鉴2016[R]. 2016.
［137］三明市统计局.三明市统计年鉴2016[R]. 2016.
［138］泉州市统计局.泉州统计年鉴2016[R]. 2016.
［139］漳州市统计局.漳州统计年鉴2016[M].北京:中国统计出版社, 2016.
［140］南平市统计局.南平统计年鉴2016[R]. 2016.
［141］龙岩市统计局.龙岩统计年鉴2016[M].北京:中国统计出版社, 2016.
［142］宁德市统计局.宁德统计年鉴2016[M].北京:中国统计出版社, 2016.

江西省

［143］江西省统计局.江西统计年鉴2016[M].北京:中国统计出版社, 2016.

[144] 万昱原.南昌统计年鉴2016[M].北京:中国统计出版社, 2016.
[145] 景德镇市统计局.景德镇统计年鉴2016[R]. 2016.
[146] 萍乡市统计局.萍乡统计年鉴2016[R]. 2016.
[147] 九江市统计局.九江统计年鉴2016[M].北京:中国统计出版社, 2016.
[148] 新余市统计局.新余统计年鉴2016[M].北京:中国统计出版社, 2016.
[149] 鹰潭市统计局.鹰潭统计年鉴2016[R]. 2016.
[150] 赣州市统计局.赣州统计年鉴2016[M].北京:中国统计出版社, 2016.
[151] 吉安市统计局.吉安统计年鉴2016[M].北京:中国统计出版社, 2016.
[152] 宜春市统计局.宜春统计年鉴2016[R]. 2016.
[153] 抚州市统计局.抚州统计年鉴2016[R]. 2016.
[154] 上饶市统计局.上饶统计年鉴2016[M].北京:中国统计出版社, 2016.
[155] 江西省人民政府办公厅.关于印发《江西省“十三五”节能减排综合工作方案》的通知[EB]. 江西省人民政府办公厅, 2017.

山东省

[156] 山东省统计局.山东省统计年鉴2016[M].北京:中国统计出版社, 2016.
[157] 济南市统计局.济南统计年鉴2016[M].北京:中国统计出版社, 2016.
[158] 青岛市统计局.2015年青岛市国民经济和社会发展统计公报[EB]. 统计公报, 2016.
[159] 淄博市统计局.淄博市2015年国民经济和社会发展统计公报[EB]. 统计公报, 2016.
[160] 枣庄市统计局.枣庄统计年鉴2016[M].北京:中国统计出版社, 2016.
[161] 东营市统计局.东营统计年鉴2016[R]. 2016.
[162] 烟台市统计局.烟台统计年鉴2016[R]. 2016.
[163] 潍坊市统计局.潍坊统计年鉴2016[M].北京:中国统计出版社, 2016.
[164] 济宁市统计局.济宁统计年鉴2016[R]. 2016.
[165] 泰安市统计局.泰安统计年鉴2016[R]. 2016.

[166] 威海市统计局.威海统计年鉴2016[R]. 2016.
[167] 日照市统计局.日照统计年鉴2016[R]. 2016.
[168] 莱芜市统计局.莱芜统计年鉴2016[R]. 2016.
[169] 临沂市统计局.2016临沂统计年鉴[R]. 2016.
[170] 德州市统计局.德州统计年鉴2016[R]. 2016.
[171] 聊城市统计局.聊城统计年鉴2016[R]. 2016.
[172] 滨州市统计局.滨州统计年鉴2016[R]. 2016.
[173] 菏泽市统计局.菏泽统计年鉴2016[R]. 2016.

河南省

[174] 河南省统计局.河南统计年鉴2016[M].北京:中国统计出版社, 2016.
[175] 洛阳市统计局.洛阳统计年鉴2016[M].北京:中国统计出版社, 2016.
[176] 平顶山市统计局.平顶山统计年鉴2016[M].北京:中国统计出版社, 2016.
[177] 安阳市统计局.安阳统计年鉴2016[R]. 2016.
[178] 鹤壁市统计局.鹤壁统计年鉴2016[R]. 2016.
[179] 新乡市统计局.新乡统计年鉴2016[R]. 2016.
[180] 焦作市统计局.焦作统计年鉴2016[R]. 2016.
[181] 濮阳市统计局.濮阳统计年鉴2016[R]. 2016.
[182] 三门峡市统计局.三门峡统计年鉴2016[M].北京:中国统计出版社, 2016.
[183] 周口市统计局.周口统计年鉴2016[R]. 2016.
[184] 济源市统计局.济源市统计年鉴2016[M].北京:中国统计出版社, 2016.

湖北省

[185] 潘建桥.武汉统计年鉴2016[M].北京:中国统计出版社, 2016.

[186] 黄石市统计局.黄石统计年鉴2016[R]. 2016.
[187] 十堰市统计局.十堰统计年鉴2016[M].北京:中国统计出版社, 2016.
[188] 宜昌市统计局.宜昌统计年鉴2016[M].北京:中国统计出版社, 2016.
[189] 襄阳市统计局.襄阳统计年鉴2016[R]. 2016.
[190] 鄂州市统计局.鄂州统计年鉴2016[R]. 2016.
[191] 荆门市统计局.荆门统计年鉴2016[M].北京:中国统计出版社, 2016.
[192] 孝感市统计局.孝感统计年鉴2016[R]. 2016.
[193] 荆州市统计局.荆州统计年鉴2016[R]. 2016.
[194] 黄冈市统计局.黄冈市统计年鉴2016[R]. 2016.
[195] 咸宁市统计局.咸宁统计年鉴2016[M].北京:中国统计出版社, 2016.
[196] 随州市统计局.随州统计年鉴2016[R]. 2016.
[197] 恩施土家族苗族自治州统计局.恩施州统计年鉴2015[R]. 2015.
[198] 仙桃市统计局.仙桃统计年鉴2015[R]. 2015.
[199] 潜江市统计局.潜江统计年鉴2016[R]. 2016.
[200] 天门市统计局.天门市统计年鉴2015[R]. 2015.

湖南省

[201] 湖南省统计年鉴.湖南统计年鉴2016[M].北京:中国统计出版社, 2016.
[202] 长沙市统计局.长沙统计年鉴2016[M].北京:中国统计出版社, 2016.
[203] 株洲市统计局.株洲统计年鉴2016[R]. 2016.
[204] 国家统计局城市社会经济调查司.城市统计年鉴2016[M].北京:中国统计出版社, 2016.
[205] 张家界市统计局.张家界市2015年国民经济和社会发展统计公报[EB].统计公报, 2016
[206] 益阳市统计局.益阳市2015年国民经济和社会发展统计公报[EB].统计公报, 2016
[207] 郴州市统计局.郴州统计年鉴2016[R]. 2016.

[208] 郴州市统计局.郴州市2015年国民经济和社会发展统计公报[EB].统计公报, 2016.
[209] 永州市统计局.永州市2015年国民经济和社会发展统计公报[EB].统计公报, 2016.
[210] 怀化市统计局.怀化市2015年国民经济和社会发展统计公报[EB].统计公报, 2016.
[211] 娄底市统计局.娄底统计年鉴2016[R]. 2016.
[212] 娄底市统计局.娄底市2015年国民经济和社会发展统计公报[EB].统计公报, 2016.
[213] 湘西自治州统计局.湘西土家苗族自治州2015年国民经济和社会发展统计公报[EB].统计公报, 2016.

广东省

[214] 广州市统计局.广州统计年鉴2016[M].北京:中国统计出版社, 2016.
[215] 韶关市统计局.韶关统计年鉴2016[R]. 2016.
[216] 深圳市统计局.深圳统计年鉴2016[M].北京:中国统计出版社, 2016.
[217] 珠海市统计局.珠海统计年鉴2016[R]. 2016
[218] 汕头市统计局.汕头统计年鉴2016[R]. 2016.
[219] 佛山市统计局.佛山统计年鉴2016[R]. 2016.
[220] 江门市统计局.江门统计年鉴2016[R]. 2016.
[221] 湛江市统计局.湛江统计年鉴2016[R]. 2016.
[222] 茂名市统计局.茂名统计年鉴2016[R]. 2016.
[223] 肇庆市统计局.2015年肇庆市国民经济和社会发展统计公报[EB].统计公报, 2016
[224] 惠州市人民政府.关于印发《惠州市能源发展“十三五”规划》的通知[EB].惠州市人民政府, 2017.
[225] 惠州市统计局.2015年惠州国民经济和社会发展统计公报[EB].统计公报, 2016

［226］梅州市统计局.梅州统计年鉴2016[R]. 2016.
［227］汕尾市统计局.汕尾统计年鉴2016[M].郑州:中州古籍出版社, 2016.
［228］河源市统计局.河源统计年鉴2016[R]. 2016.
［229］阳江市统计局.阳江统计年鉴2016[R]. 2016.
［230］清远市统计局.清远统计年鉴2016[R]. 2016.
［231］东莞市人民政府办公室.关于印发《东莞市能源发展“十三五”规划》的通知[EB].东莞市人民政府, 2017.
［232］中山市统计局.中山统计年鉴2016[R]. 2016.
［233］潮州市统计局.潮州统计年鉴2016[R]. 2016.
［234］揭阳市统计局.揭阳统计年鉴2016[R]. 2016.
［235］云浮市统计局.云浮统计年鉴2016[R]. 2016.

广西壮族自治区

［236］广西壮族自治区统计局.广西统计年鉴2016[R]. 2016.
［237］南宁市统计局.南宁统计年鉴2016[M].北京:中国统计出版社, 2016.
［238］柳州市统计局.柳州统计年鉴2016[M].北京:中国统计出版社, 2016.
［239］《桂林经济社会统计年鉴》编委会.桂林经济社会统计年鉴2016[M].北京:中国统计出版社, 2016.
［240］梧州市统计局.梧州统计年鉴2016[R]. 2016.
［241］北海市统计局.北海市能源消费情况表[R]. 2015.
［242］防城港市统计局.防城港统计年鉴2016[M].北京:中国统计出版社, 2016.
［243］钦州市统计局.邮件调研获取2015年钦州市能源数据, 2018
［244］玉林市统计年鉴编委会.玉林统计年鉴2016[M].香港:中国图书出版社, 2016.
［245］河池市统计局.河池统计年鉴2016[R]. 2016.
［246］来宾市统计局.来宾统计年鉴2016[M].北京:中国统计出版社, 2016.

海南省

[247] 海口市统计局.海口统计年鉴2016[M].北京:中国统计出版社, 2016.
[248] 三亚市统计局.三亚统计年鉴2016[R]. 2016.
[249] 海南省统计局.海南统计年鉴2016[R]. 2016.
[250] 儋州市发展和改革委员会.关于儋州市2015年国民经济和社会发展计划执行情况与2016年国民经济和社会发展计划草案的报告[R].儋州市发展和改革委员会,2016.http://xxgk.hainan.gov.cn/dzxxgk/fgw/201603/t20160325_1817700.htm.

重庆市

[251] 国家统计局能源统计司.中国能源统计年鉴2016[M].北京:中国统计出版社, 2016.
[252] 重庆市统计局.重庆市统计年鉴2016[M].北京:中国统计出版社, 2016.

四川省

[253] 四川省统计局.四川统计年鉴2016[M].北京:中国统计出版社, 2016.
[254] 成都市统计局.成都统计年鉴2016[M].北京:中国统计出版社, 2016.
[255] 自贡市人民政府.自贡年鉴2016[M].北京:方志出版社, 2016.
[256] 攀枝花市统计局.攀枝花统计年鉴2016[R]. 2016.
[257] 泸州市统计局.泸州统计年鉴2016[R]. 2016.
[258] 德阳市统计局.德阳统计年鉴2016[R]. 2016.
[259] 绵阳市统计局.绵阳统计年鉴2016[R]. 2016.
[260] 广元市统计局.广元统计年鉴2016[R]. 2016.
[261] 遂宁市统计局.遂宁统计年鉴2016[R]. 2016.
[262] 内江市人民政府办公室.关于印发《内江市“十三五”能源发展规划》的通知[EB].内江市人民政府, 2017.

［263］乐山市统计学会.乐山统计年鉴2016[R]. 2016.
［264］南充市统计局.南充统计年鉴2016[R]. 2016.
［265］眉山市人民政府.眉山年鉴2016[M].北京:方志出版社, 2016.
［266］宜宾市统计局.宜宾统计年鉴2016[R]. 2016.
［267］广安市统计局.广安统计年鉴2016[R]. 2016.
［268］达州市统计局.达州统计年鉴2016[R]. 2016.
［269］雅安市统计局.雅安统计年鉴2016[R]. 2016.
［270］巴中市统计局.巴中统计年鉴2016[R]. 2016.
［271］阿坝藏族羌族自治州统计局.阿坝统计年鉴2016[R]. 2016.
［272］甘孜藏族自治州统计局.甘孜统计年鉴2016[R]. 2016.
［273］凉山州统计局.凉山彝族自治州统计年鉴2016[R]. 2016.

贵州省

［274］贵阳市统计局.贵阳统计年鉴2016[M].北京:中国统计出版社, 2016.
［275］六盘水市统计局.六盘水统计年鉴2016[R]. 2016.
［276］毕节市统计局.毕节统计年鉴2016[M].北京:中国统计出版社, 2016.
［277］遵义市统计局.遵义统计年鉴2016[R]. 2016.
［278］安顺市统计局.安顺统计年鉴2016[R]. 2016.
［279］铜仁市统计局.铜仁统计年鉴2016[R]. 2016.
［280］黔西南州统计局.黔西南州2015年国民经济和社会发展统计公报[EB].统计公报, 2016.
［281］黔东南州统计局,黔东南州2015年国民经济和社会发展统计公报[EB].统计公报, 2016.
［282］黔南市统计局.黔南统计年鉴2016[M].北京:中国统计出版社, 2016.

云南省

［283］云南省统计局.云南省统计年鉴2016[M].北京:中国统计出版社,

2016.

［284］昆明市统计局.昆明统计年鉴2016[M].北京:中国统计出版社, 2016.

［285］曲靖市统计局.曲靖统计年鉴2016[R]. 2016.

［286］玉溪市统计局.玉溪市2015年国民经济和社会发展统计公报[EB].统计公报, 2016.

［287］保山市统计局.保山统计年鉴2016[R]. 2016.

［288］昭通市统计局.昭通统计年鉴2016[R]. 2016.

［289］丽江市统计局.丽江市2015年国民经济和社会发展统计公报[EB].统计公报, 2016.

［290］普洱市统计局.普洱市2015年国民经济和社会发展统计公报[EB].统计公报, 2016.

［291］临沧市统计局.临沧市2015年国民经济和社会发展统计公报[EB].统计公报, 2016.

［292］楚雄彝族自治州统计局.楚雄彝族自治州2015年国民经济和社会发展统计公报[EB].统计公报, 2016.

［293］文山壮族苗族自治州统计局.文山壮族苗族自治州2015年国民经济和社会发展统计公报[EB].统计公报, 2016.

［294］西双版纳傣族统计局.西双版纳傣族自治州2015年国民经济和社会发展统计公报[EB].统计公报, 2016.

［295］大理白族自治州统计局.大理白族自治州2015年国民经济和社会发展统计公报[EB].统计公报, 2016.

［296］德宏州统计局.德宏州2015年国民经济和社会发展统计公报[EB].统计公报, 2016.

［297］怒江州统计局.2015年怒江州国民经济和社会发展统计公报[EB].统计公报, 2016.

［298］迪庆藏族自治州统计局.迪庆藏族自治州2015年国民经济和社会发展统计公报[EB].统计公报, 2016.

西藏自治区

［299］《西藏年鉴》编纂委员会.西藏年鉴2016[M].拉萨:西藏人民出版社, 2016.
［300］拉萨市统计局.拉萨市统计年鉴2016[R]. 2016.

陕西省

［301］西安市统计局.西安统计年鉴2016[M].北京:中国统计出版社, 2016.
［302］铜川市统计局.铜川统计年鉴2015[R]. 2016.
［303］宝鸡市统计局.宝鸡统计年鉴2016[R]. 2016.
［304］咸阳市统计局.咸阳统计年鉴2016[R]. 2016.
［305］渭南市统计局.渭南统计年鉴2016[R]. 2016.
［306］陕西省统计局.陕西统计年鉴2016[M].北京:中国统计出版社, 2016.
［307］汉中市统计局.汉中统计年鉴2016[R]. 2016.
［308］榆林市统计局.榆林统计年鉴2016[R]. 2016.
［309］安康市统计局.安康统计年鉴2016[M].北京:中国统计出版社, 2016.
［310］商洛市统计局.商洛统计年鉴2016[R]. 2016.

甘肃省

［311］《甘肃发展年鉴》编委会编.甘肃统计年鉴2016[M].北京:中国统计出版社, 2016.
［312］兰州市统计局.兰州统计年鉴2016[M].北京:中国统计出版社, 2016.
［313］《嘉峪关年鉴》编纂委员会.嘉峪关年鉴2016[M].兰州:甘肃人民出版社, 2016.
［314］金昌市统计局.金昌市2015年国民经济和社会发展公报[EB].统计公报, 2016.
［315］白银市统计局.白银统计年鉴2016[R]. 2016.

［316］白银市统计局.2015年白银市国民经济和社会发展统计公报[EB].统计公报, 2016.
［317］天水市统计局.天水统计年鉴2016[M].北京:中国统计出版社, 2016.
［318］武威市统计局.武威市2015年国民经济和社会发展统计公报[EB].统计公报, 2016.
［319］张掖市统计局.张掖统计年鉴2016[R]. 2016.
［320］平凉市统计局.平凉统计年鉴2016[M].北京:中国统计出版社, 2016.
［321］酒泉市统计局.酒泉市统计年鉴2016[M].北京:中国统计出版社, 2016.
［322］庆阳市统计局.庆阳统计年鉴2016[M].北京:中国统计出版社, 2016.
［323］定西市统计局.定西统计年鉴2016[R]. 2016.
［324］陇南市统计局.陇南市能源消耗情况分析[EB]. 2016.
［325］临夏州统计局.临夏州统计年鉴2016[R]. 2016.
［326］甘南藏族自治州统计局.甘南藏族自治州2015年国民经济和社会发展统计公报[EB].统计公报, 2016.

青海省

［327］青海省人民政府.青海省“十三五”节能减排综合工作方案[EB].青海省人民政府, 2017.
［328］青海省统计局.青海统计年鉴2016[M].北京:中国统计出版社, 2016.

宁夏回族自治区

［329］宁夏回族自治区统计局.宁夏回族自治区2015年国民经济和社会发展统计公报[EB].统计公报, 2016.
［330］银川市统计局.银川统计年鉴2016[M].北京:中国统计出版社, 2016.
［331］石嘴山市统计局.石嘴山统计年鉴2016[R]. 2016.
［332］宁夏回族自治区统计局.宁夏统计年鉴2016[R]. 2016.

［333］中卫市地方志办公室.中卫年鉴2016[R]. 2016.
［334］固原市统计局.固原市2016年国民经济和社会发展统计公报[EB]. 统计公报, 2016.

新疆维吾尔自治区

［335］新疆维吾尔自治区统计局.新疆统计年鉴2016[M].北京:中国统计出版社, 2016.
［336］潘世锦.乌鲁木齐统计年鉴2016[M].北京:中国统计出版社, 2016.
［337］《克拉玛依市统计年鉴》编委会.克拉玛依统计年鉴2016[R]. 2016.
［338］吐鲁番市统计局.吐鲁番统计年鉴2016[R]. 2016.
［339］哈密市行署办公室.哈密统计年鉴2016[R]. 2016.
［340］昌吉回族自治州统计局.昌吉回族自治州统计年鉴2016[R]. 2016.
［341］博尔塔拉蒙古自治州统计局.博尔塔拉统计年鉴2016[R]. 2016.
［342］巴音郭楞蒙古自治州统计局.巴音郭楞蒙古自治州统计年鉴2016[R]. 2016.
［343］阿克苏地区统计局.阿克苏地区2015年国民经济和社会发展统计公报[EB].统计公报, 2016.
［344］喀什地区统计局.喀什地区统计年鉴2016[R]. 2016.
［345］赵柯玲.和田统计年鉴2016[R]. 2016.
［346］伊犁哈萨克自治州统计局.伊犁哈萨克自治州统计年鉴2016[R]. 2016.
［347］阿勒泰统计局.阿勒泰统计年鉴2016[R]. 2016.

中国港澳台地区

［348］香港气候变化@香港行动官网.2015 Greenhouse Gas Inventory for Hongkong released by EPD[EB]. https://www.climateready.gov.hk/page.php?id=23&lang=1.
［349］香港地政总署.香港地理资料[EB].https://www.landsd.gov.hk/

mapping/en/publications/hk_geographic_data_sheet.pdf.

[350] 香港政府统计处.2015年年底人口统计[EB].https://www.censtatd.gov.hk/press_release/pressReleaseDetail.jsp?charsetID=1&pressRID=3810.

[351] 香港政府统计处.香港地区国民收入统计[EB].https://www.censtatd.gov.hk/hkstat/sub/sp250.jsp?ID=0&productType=8&tableID=039

[352] 澳门环境保护局.澳门环境状况报告[EB].http://www.dspa.gov.mo/index.aspx.

[353] 台湾推动台湾参与气候变化纲要公约网站.2017年国家温室气体排放清单报告[EB].http://unfccc.saveoursky.org.tw/2017nir/tw_nir.php.

[354] 中国台湾地区环境保护相关部门.城市级温室气体碳揭露平台[EB].https://cityinventory.epa.gov.tw/cityinventory/CityInventory_D.aspx?type=1.

[355] 台湾统计资讯网.主计总处统计专区[EB].https://www.stat.gov.tw/ct.asp?xItem=24684&ctNode=770&mp=4.

[356] 台北市相关部门.2016年台北市温室气体排放量分析报告[EB].https://www-ws.gov.taipei/Download.ashx?u=LzAwMS9VcGxvYWQvMzYzL3JlbGZpbGUvNDExMzIvNzUyMzU1Mi9iOGM1ZDg3NC04MDJkLTRjNTgtODBhZS1hNTUyOTcwY2NhYTIucGRm&n=MjAxNuW5tOiHuuWMl%2BW4gua6q%2BWupOawo%2BmrlOaOkuaUvumHj%2BWIhuaekOWgseWRii5wZGY%3D.

[357] 桃园低碳绿色城市网.Taiyuan GHG emisison inventory 2014[EB].http://carbon.tyepb.gov.tw/views/survey/index.html.

[358] 新北市环境保护相关部门.Xinbei City GHG emission inventory report 2015[EB]. https://www.epd.ntpc.gov.tw/UploadFile/InformationDisclosure/20170825142654432108.pdf.

[359] 高雄市环境保护相关部门统计资讯网.高雄市环境保护相关部门统计通报[EB].https://kses.kcg.gov.tw/.

[360] 台南市环境保护相关部门. 2016年度行政辖区地理边界之温室气

体排放[EB]. http://tainan.carbon.net.tw/P_uncover.aspx.

国际城市

［361］New York State Home. Inventory of New York City Greenhouse Gas Emissions In 2015[EB].https://www.dec.ny.gov/docs/administration_pdf/nycghg.pdf.

［362］美国普查局.U.S. Census, Population and Housing Unit Estimates Datasets, City and Town Population 2016[EB]. https://www.census.gov/data/datasets/2016/demo/popest/total-cities-and-towns.html.

［363］The City of Chicago's Official Site .City of Chicago Greenhouse Gas Inventory Report[EB].https://www.cityofchicago.org/content/dam/city/progs/env/GHG_Inventory/CityofChicago_2015_GHG_Emissions_Inventory_Report.pdf.

［364］City of Boston. City of Boston Community Greenhouse Gas Inventory 2005-2013[EB].https://www.cityofboston.gov/images_documents/Community%20GHG%20Inventory%202013_tcm3-49977.pdf.

［365］SF Environment Our home. Our city. Our planet. 2015 San Francisco Geographic Greenhouse Gas Emissions Inventory At A Glance[EB]. https://sfenvironment.org/sites/default/files/fliers/files/sfe_cc_2015_community_inventory_report.pdf.

［366］City of Cincinnati. 2015 Cincinnati Greenhouse Gas Inventory and Analysis[EB].https://www.cincinnati-oh.gov/oes/citywide-efforts/climate-protection-green-cincinnati-plan/2015-greenhouse-gas-emissions-inventory-pdf/.

［367］The city of San Diego. The city of San Diego Climate Action Plan 2017 Annual Report[EB].https://www.sandiego.gov/sites/default/files/appendix_for_2017_annual_report.pdf.

［368］City of st. Louis, MO: Official Website. 2015 Greenhouse Gas Emissions Inventory Report for the City of St. Louis[EB]. https://www.stlouis-mo.gov/government/departments/mayor/initiatives/sustainability/

documents/upload/STL-2015-GHG-Final.pdf.

[369] Seattle. Gov Home. 2014 Seattle Community Greenhouse Gas Emissions Inventory[EB].https://www.seattle.gov/Documents/Departments/OSE/ClimateDocs/2014GHG%20inventorySept2016.pdf.

[370] City of Phoenix Home. City of Phoenix GHG report 2015[EB]. https://www.phoenix.gov/oepsite/Documents/2015%20City%20of%20Phoenix%20GHG%20Report%20FINAL%20REPORT-072916.pdf.

[371] City and County of Denver Official Site. City and County of Denver Climate Action Plan2015[EB].https://www.denvergov.org/content/dam/denvergov/Portals/771/documents/Climate/CAP%20-%20FINAL%20WEB.pdf.

[372] C40 CITIES. C40's Measurement and Planning Project[EB].http://www.c40.org/other/gpc-dashboard.

[373] GHG Interactive Dashboard Data. London, UK: C40 Cities Climate Leadership Group. 2017. Available at: http://www.c40.org/other/gpc-dashboard.

[374] 釜山官方网站.釜山市基本情况概览[EB].http://english.busan.go.kr/index.

[375] 韩国国家统计局.地区生产总值统计情况[EB].http://www.index.go.kr/potal/main/EachDtlPageDetail.do?idx_cd=1008.

[376] 大邱市官方网站.大邱市基本情况概览[EB].http://www.daegu.go.kr/big5chinese/index.do.

[377] 世宗市官方网站.世宗市基本情况概览[EB].http://www.sejong.go.kr/stat/sub01_05.

[378] 首尔市官方网站.首尔市按类别统计情况[EB].http://english.seoul.go.kr/get-to-know-us/statistics-of-seoul/seoul-statistics-by-category/#none.

[379] 京都府统计局.京都府统计调查[EB].http://www.pref.kyoto.jp/t-ptl/index.html.

[380] 大阪府统计局.大阪府统计调查[EB].http://www.pref.osaka.lg.jp/

toukei/top/index.html.

［381］东京统计局.东京平成28年（2016）统计年鉴[EB].http://www.toukei.metro.tokyo.jp/tnenkan/tn-index.htm.

［382］北海道统计局.北海道平成28年（2016）统计书[EB].http://www.pref.hokkaido.lg.jp/ss/tuk/920hsy/17.htm.

［383］埼玉县统计局. 埼玉县统计调查[EB].https://www.pref.saitama.lg.jp/theme/tokei/index.html.

［384］千叶县统计局.千叶县平成28年（2016）统计年鉴[EB].https://www.pref.chiba.lg.jp/toukei/toukeidata/nenkan/nenkan-h28/index.html#a17

［385］青森县统计局.青森县2016统计一览[EB].https://www.pref.aomori.lg.jp/kensei/tokei/toukei-ichiran.html.

［386］秋田县统计局.秋田县统计调查[EB].https://www.pref.akita.lg.jp/pages/genre/11706.

［387］神奈川县统计局.神奈川县统计调查[EB].http://www.pref.kanagawa.jp/docs/x6z/tc10/kanagawanotoukei.html

［388］岩手县统计局.岩手县统计调查[EB].http://www3.pref.iwate.jp/webdb/view/outside/s14Tokei/top.html.

甲烷和氧化亚氮

［389］Cai Bofeng, Lou Ziyang, Wang Jinnan, et al.CH_4 mitigation potentials from China landfills and related environmental co-benefits[J]. Science Advances,2018,4(7): eaar8400.

［390］The People's Republic of China. Initial National Communication on Climate Change [EB/OL]. http://unfccc.int/resource/docs/natc/chnnc1e.pdf, 2004.

［391］The People's Republic of China. The First Biannual Updated Report on Climate Change[EB/OL] . http://unfccc.int/files/national_reports/non-annex_i_parties/biennial_update_reports/application/pdf/pr_ china-_bur-chinese+en.pdf, 2016.

[392] The People's Republic of China. The Second National Communication on Climate Change [EB/OL]. http://unfccc.int/resource/docs/natc/chnnc2e.pdf, 2012.

[393] 蔡博峰, 高庆先, 李中华,等.中国城市污水处理厂甲烷排放因子研究[J].中国人口·资源与环境,2015,(04):118-124.

[394] 蔡博峰, 高庆先, 李中华,等.中国污水处理厂甲烷排放研究[J].中国环境科学,2015,(12):3810-3816.

[395] 蔡博峰, 刘建国, 曾宪委,等.基于排放源的中国城市垃圾填埋场甲烷排放研究[J].气候变化研究进展, 2013, (06): 406-413.

[396] 蔡博峰, 刘建国, 倪哲,等.中国垃圾填埋场甲烷减排关键技术的成本和潜力分析[J].环境工程, 2015, (11): 110-114,165.

[397] 蔡博峰.中国垃圾填埋场2012年甲烷排放特征研究[J].环境工程, 2016, 34(2): 1-4.

[398] 国家发展和改革委员会.关于开展农作物秸秆综合利用规划终期评估的通知（发改办环资〔2015〕3264号）[EB/OL]. http://www.ndrc.gov.cn/zcfb/zcfbtz/201512/t20151216_767695.html

[399] 国家发展和改革委员会.关于印发编制“十三五”秸秆综合利用实施方案的指导意见的通知（发改办环资〔2016〕2504号）[EB/OL]. http://www.ndrc.gov.cn/zcfb/zcfbtz/201612/t20161207_829417.html.

[400] 国家发展和改革委员会.关于印发编制“十三五”秸秆综合利用实施方案的指导意见的通知（发改办环资〔2016〕2504号）[EB/OL]. http://www.ndrc.gov.cn/zcfb/zcfbtz/201612/t20161207_829417.html.

[401] 国家煤矿安全监察局.全国煤矿矿井瓦斯等级鉴定资料汇编（2011）[R]. 2011.

[402] 国家统计局农村社会经济调查司.中国农村统计年鉴2016[M].北京:中国统计出版社, 2016.

[403] 中国畜牧兽医年鉴编委会.中国畜牧兽医年鉴2016[M].北京:中国

农业出版社, 2016.

[404] 中国农业年鉴委员会.中国农业年鉴(2016)[M].北京:中国农业出版社, 2016.

含氟温室气体

[405] Liu Lisha, Dou Yanwei, Yao Bo, et al. Historical and projected Chinese HFC-410A emission from room air conditioning sector at a city level. In preparation.

[406] Su S, Fang X, Li L, et al. HFC-134a emissions from mobile air conditioning in China from 1995 to 2030[J]. Atmospheric Environment, 2015, 102:122-129.

[407] Fang X, Velders G J, Ravishankara A R, et al. Hydrofluorocarbons (HFCs) emissions in China: an inventory for 2005-2013 and projections to 2050.[J]. Environmental Science & Technology, 2016, 50(4):2027.

[408] Fang X, Hu X, Janssensmaenhout G, et al. Sulfur hexafluoride (SF_6) emission estimates for China: an inventory for 1990-2010 and a projection to 2020.[J]. Environmental Science & Technology, 2013, 47(8):3848-3855.

[409] 胡建信,万丹,李春梅,等.中国汽车空调行业HFC-134a需求和排放预测[J].气候变化研究进展, 2009, 5(1):1-6.

[410] 肖明亮. 中国六氟化硫行业发展分析[J].化学推进剂与高分子材料, 2010, 8(4): 65-67.

[411] 中电联规划发展部.2015年电力统计基本数据一览表[DB/OL]. http://www.cec.org.cn/guihuayutongji/tongjxinxi/niandushuju/2016-09-22/158761.html,2016-09-22.

[412] 国家发展和改革委员会应对气候变化司.关于2015年度氢氟碳化物处置核查情况的公示[EB/OL],http://qhs.ndrc.gov.cn/gzdt/201605/t20160527_805072.html,2016-05-27.

[413] 国家发展和改革委员会应对气候变化司.关于2015年度氢氟

碳化物处置情况等材料的公示[EB/OL],http://qhs.ndrc.gov.cn/gzdt/201605/t20160519_802208.html,2016-05-12.

森林碳汇

[414] 朱建华, 侯振宏, 张治军,等. 气候变化与森林生态系统：影响、脆弱性与适应性[J]. 林业科学, 2007, 43(11):138-145.

[415] 朱建华, 冯源, 曾立雄,等. 中国省级土地利用变化和林业温室气体清单编制方法[J]. 气候变化研究进展, 2014, 10(6):433-439.

[416] 张小全, 朱建华, 侯振宏. 主要发达国家林业有关碳源汇及其计量方法与参数[J]. 林业科学研究, 2009, 22(2): 285-293.

[417] 孙清芳. 林业碳汇温室气体排放趋势分析[J]. 大科技, 2017(20).

[418] Piao S, Fang J, Ciais P, et al. The carbon balance of terrestrial ecosystems in China[J]. Nature, 2010, 458(7241):1009-1013.

[419] Fang J, Chen A, Peng C, et al. Changes in Forest Biomass Carbon Storage in China between 1949 and 1998[J]. Science, 2001, 292(5525): 2320-2322.

[420] IPCC. Volume4: Agriculture, Forestry and OtherLand Uses(AFOLU): 2006 IPCC/Guidelines for National Greenhouse Gas Inventories[M] .IPCC/IGES, Hayama, Japan, 2006.

欢迎加入中国城市温室气体工作组!

加入办法：登录（http://140.143.189.230:8080/）进行实名注册即可。

左边 LOGO：中国高空间分辨率网格数据 CHRED（China High Resolution Emission Gridded Database, CHRED）。

右边 LOGO：中国城市温室气体工作组。①两个“C”和一个“G”，由外到内依次是“China”“City”“GHG”，表示我们的目标是中国城市温室气体；②两个“C”和一个“G”形状逐渐变小，意指排放清单数据逐渐精准，“GHG”逐渐得到控制；③中心的“G”和符号一圈套一圈，表示齐心协力的“众人协作”模式（Group）。

请读者将具体问题、批评意见和建议反馈至中国城市温室气体工作论坛（http://nbb.cityghg.com/）中的“中国城市温室气体数据集”版块，我们将对所有有效信息（实质性改善数据质量或者方法等，即使是 1 个城市的 1 个数据）贡献者给予数据共享或邮寄我们产品的奖励。

We invite you to join the China City Greenhouse Gas Working Group !

Please login: http://140.143.189.230:8080/ and register with real name.

LOGO on the left: China High Resolution Emission Gridded Database, CHRED.

LOGO on the right: China City Greenhouse Gas Working Group.

① Two "C" and one "G" from outside to inside are "China", "City" and "GHG", indicating that our target is China City Greenhouse Gas; The shape of two "C" and one "G" gradually becomes smaller refers to the gradual precision of the emission inventory data; The "G" in center represents "collaborative" and "crowd-sourcing" working mode (Group).

城市温室气体公众号由生态环境部环境规划院气候变化与环境政策研究中心主办，致力于发布中国高空间分辨率网格数据（CHRED）和城市温室气体清单数据的最新进展、应对气候变化原创理论方法和应用实践，以及中国城市温室气体工作组（CCG）动态。

网站：http://www.cityghg.com/

“City Greenhouse Gas” WeChat broadcasting platform is managed by Center for Climate Change and Environmental Policy, Chinese Academy for Environmental Planning. This platform is dedicated to release following information: the China High Resolution Emission Gridded Database (CHRED) and latest progress of city greenhouse gas inventory data; the original theory and practics in climate change; the news of China City Greenhouse Gas Working Group (CCG).

Website: http://www.cityghg.com/.